农业生态实用技术丛书

生态型
养猪技术

SHENGTAIXING YANGZHU JISHU

农业农村部农业生态与资源保护总站　组编

陈　芳　主编

中国农业出版社

北　京

本书编写人员

主　　编　陈　芳
副主编　朱　翠　吕艳涛　李　平
参编人员　施　魁　唐燕妮

序

中共十八大站在历史和全局的战略高度，把生态文明建设纳入中国特色社会主义事业"五位一体"总体布局，提出了创新、协调、绿色、开放、共享的发展理念。习近平总书记指出："走向生态文明新时代，建设美丽中国，是实现中华民族伟大复兴的中国梦的重要内容。"中共中央、国务院印发的《关于加快推进生态文明建设的意见》和《生态文明体制改革总体方案》，明确提出了要协同推进农业现代化和绿色化。建设生态文明，走绿色发展之路，已经成为现代农业发展的必由之路。

推进农业生态文明建设，是贯彻落实习近平总书记生态文明思想的必然要求。农作物就是绿色生命，农业本身具有"绿色"属性，农业生产过程就是依靠绿色植物的光合固碳功能，把太阳能转化为生物能的绿色过程，现代化的农业必然是生态和谐、资源可持续、环境友好的农业。发展生态农业可以实现粮食安全、资源高效、环境保护协同的可持续发展目标，有效减少温室气体排放，增加碳汇，为美丽中国提供"生态屏障"，为子孙后代留下"绿水青山"。同时，农业生态文明建设也可推进多功能农业的发展，为城市居民提供观光、休闲、体验场所，促进全社会共享农业绿色发展成果。

农业生态文明思想起源于古老的中国,中国自春秋时期就懂得用地养地的道理以及物理杀虫、人工除草等做法。农牧结合、稻田养鱼、桑基鱼塘等农业生态模式在历史上曾经极大推动了文明和经济的发展。当前,我国农业生态文明建设已进入提供更多优质生态产品以满足人民日益增长的优美生态环境需求的攻坚期,也到了有条件、有能力发展环境友好农业的窗口期。多年来,从事农业生态研究的学者和实践者扎根农业生产一线,按"整体、协调、循环、再生"的原则,围绕农业生态文明建设开展了广泛、系统的实践和研究,探索总结出了丰富多样的应用技术。

为推广农业生态技术,推动形成可持续的农业绿色发展模式,从2016年开始,农业农村部农业生态与资源保护总站联合中国农业出版社,组织数十位业内权威专家,从资源节约、污染防治、废弃物循环利用、生态种养、生态景观构建等方面,多角度、多要素、多层次对农业生态实用技术开展梳理、总结和归纳,系统构建了农业生态知识体系,编写形成了《农业生态实用技术丛书》。丛书中的技术实用、文字简洁、步骤详尽、脉络清晰、技术可推广、模式可复制、经验可借鉴,具有很强的指导性和适用性,将为广大农民朋友、农业技术推广人员、管理人员、科研人员开展农业生态文明建设和研究提供很好参考。

张福锁

2020年4月

前言

　　近年来，我国的养猪业得到了快速的发展，生产效率显著提高。但是随着集约化养殖的不断推进，养殖业对于环境的污染问题日益严重。国家也相继出台了多项政策约束养殖业在生产过程中的污染排放问题，并划定了禁养区。目前，消费者对于生态健康型肉类的关注度也逐渐递增，食品安全问题已经成了消费者对于肉类消费最关注的问题之一。因此，如何真正实现生猪健康养殖是畜牧业亟待解决的问题。

　　本书专门探讨如何进行生猪生态健康养殖，主要的面对对象是养殖行业一线从业者，撰写的目的主要是帮助广大农民朋友理解生猪生态健康养殖的基本概念和主要的实施方法，从而能够帮助农民朋友提高生产效率。要实现生猪生态健康养殖必须从养殖场设计、养殖环境控制、饲料营养配置以及饲养管理等全过程实施，其中任意一个环节的断节都将影响养殖效率。因此本书沿着整个养殖链条逐一论述了各个环节的实操方法和注意事项。本书共分为七部分内容，分别包括生态型健康养猪概述、科学的猪场设计、畜牧场的废弃物处理、生态型健康养猪日粮配制、猪病防治、生猪标准化饲养技术以及种养结合技术在生猪养殖中的研究和应用。

　　本书在编写过程中借鉴了大量的研究资料，尽管作者们以认真负责的态度承担并完成了编写任务，但这毕竟是第一次尝试，书中难免出现纰漏和缺陷，甚至错误，热切希望广大读者提出宝贵意见，以期改正和完善。

编　者

2019年6月

目 录

一、概　　述

（一）养猪业现状

世界养猪业历史悠久，人类从原始的狩猎活动中捕获野猪，经过漫长的拘养和驯化，将以野生生存为主的猪群驯养为专门为人类社会提供肉类的家猪。随着现代遗传育种技术的发展，遗传学家通过遗传改良手段培育出了更符合现代经济和社会要求以及人类食用需求的多种新型猪种品系，同时猪的饲养从农户散养也逐渐变成了集约化、现代化的生猪饲养模式。因为集约化、现代化的生猪生产模式极大地提高了养殖效益，降低了养殖成本。从整个世界范围看，人类餐桌上猪肉的出现频率和数量都大大增加，但是我们为此付出的经济成本却降低了不少。同时现代生猪产业的发展也带来了环境污染、人畜争粮、抗生素抵抗等负面影响。随着时间的推移，这些负面影响逐渐积累，时至今日如何通过综合手段降低或消除这些负面影响已经成了我们整个人类社会，尤其是生猪养殖业者必须面对和解决的问题。

　　自然界中的动物、植物以及环境在整个生态系统中共存，这个系统链条上的任何一个环节发生波动都会像蝴蝶效应一般对其他环节产生不可忽视的影响。动物食用的饲料通常由植物茎干或者其果实组成，当植物自身的组成成分发生改变的时候，动物的健康和生长状态也会作出相应的反应，而植物的生长状况和营养组分则又与环境中土壤性质和水质息息相关。回到循环的另一端动物生产来看，动物养殖过程中产生的排泄废物以及生产废物经过降解重新进入土壤中，从而对土壤和地下水品质造成巨大影响。那么什么会影响动物的排泄呢？动物所采食饲料的营养构成和物理性状等因素均会影响动物对养分物质的吸收，进而影响到排泄物的化学组分，对周围环境造成影响。

　　集约化、规模化的生猪生产在满足消费者对畜产品需求的同时，也带来了严重的污染问题。①畜禽粪便。生猪养殖过程中产生的畜禽粪便是畜牧场的主要废弃物，其中含有有机物、矿物质、微生物、重金属、寄生虫等，如果处理得当，可以作为肥料、燃料、饲料，造福人类；如果处理不当，则会造成严重的环境污染。通常一些人畜共患病的载体主要是家畜粪便及排泄物，不经过无害化处理就排入水中的粪便极易造成介水传染病的流行。②药物残留。现在集约化大规模的生猪养殖中通常会使用抗生素控制畜牧场疾病的发生，随着药物的使用频率和使用剂量的增加，药物在动物体内的积累与残留量也逐渐增加，最终导致使用畜产品的人体受到一定程度的伤害。③污水。包括生活污水，在清洁畜舍与设施、冲洗粪便等过程中产生的污水，以及畜产品加工厂、屠宰场产生的污水。这些畜牧场的生产污水随意排放极易造成水体的富营养化。人们如果使用了含有腐败有机物的污水，易发生过敏反应。福建泉州某一水库被鸭粪污染后，水库鸭粪沉积数尺*之高，水质恶化，昆虫滋生，人的皮肤与这种昆虫接触，皮肤出现腐烂溃烂。④动物尸体。主要为畜牧场内剖检或死亡家畜的尸体，畜产品加工厂排放的废弃兽毛、蹄角、血液、下水和孵化厂产生的死胚及蛋壳。⑤废气。包括臭气、细菌、病毒和灰尘等。畜牧场臭气主要是由粪便中的糖类和含氮有机物在微生物的发酵作用下产生的带有酸味、臭鸡蛋味、鱼腥味、烂白菜味等带有刺激性的特殊气味组成。如果臭味浓度不大，量不多，可快速扩散到畜牧场上空并被稀释，不会引起危害。但是当臭气产生的量大且速度较快时，臭气无法快速消散导致高浓度的臭气聚集在畜牧场内部，给动物和人类带来不愉快的感觉，影响人畜健康。

（二）生态养殖的重要性

养猪生产带来的严重环境问题和人们健康消费意识的不断加强之间存在巨大的矛盾，只有实现生猪健康、生态、高效的养殖，才可能解决这一重大矛盾。

生态养殖是利用自然界生物之间的共生互补以及

---

* 尺为非法定计量单位，1尺≈33.3厘米。

物质循环的原理，在畜禽养殖过程中通过相应的技术和管理措施，将生物安全、清洁生产、生态设计、物质循环、资源的高效利用和可持续消费等融为一体，发展健康养殖，维持生态平衡，降低环境污染，提供安全食品，并且提高养殖效益。在生猪的养殖过程中采用生态养殖方式可以实现以下两个目标：一是动物饲养环境的和谐，在养殖过程中不对环境造成污染和破坏；二是体现在养殖产品的优质方面，猪群的健康，猪肉的品质（包括营养价值、风味、化学品、药物残留、微生物污染等）和风味都得以提高。

现代生态养殖是介于农村一家一户的散养模式与现代集约化、工厂化养殖之间的一种养殖方式，既有散养猪"产品品质好、口感好、无污染、无残留"的特点，还有集约化养殖"高效、量大、经济效益高"的优势。比如鸡—猪—蝇蛆—鸡猪的立体生态养殖模式是以鸡粪喂猪，猪排出的粪便养蝇蛆后还田施肥，养殖的蝇蛆可以制成蛋白质含量高达60%以上，并且富含甲壳素和抗菌肽的蝇蛆粉用来喂鸡或者喂猪。这种模式，既减少了饲料和药物的投入，同时又对鸡粪和猪粪进行了无害化处理，生产的产品品质较高且无药物残留，经济效益和环境效益都非常明显。

生态健康养猪是一个系统的工程，需要从猪场设计与建设、猪群的饲养管理、猪场废弃物处置以及猪场的内部生态循环等方面进行规划，只有把生猪养殖的各个环节做到高效率、轻污染、重生态，才可能真正实现生态型健康养猪。

二、猪场设计

猪场是进行生猪养殖主要的生产场所，仔猪从开始在母猪子宫内发育，到出生、断奶以及后期的生长发育都在猪场内部进行，猪群生长的环境是否适宜直接影响猪群的健康和生长速度，从而也影响生猪养殖者的经济效益。近年来，随着我国规模化养猪的迅速发展，现代猪场普遍存在饲养密度较高，动物福利水平较低，养殖场粪便没有进行无害化处理，有些甚至随意堆积，生产污水不经处理就进行排放等现象，导致猪场内部恶臭冲天，蚊蝇遍地，不仅影响养殖场自身的卫生防疫，更为某些疾病的发生和传播提供了有利条件，造成动物发病率居高不下，影响生产效益，还对对周围环境造成严重污染。合理的猪场规划可以在控制成本的前提下，通过完善猪场的内外部布局以及猪场内部各项设施的合理利用，并与科学的猪场管理手段相结合，给猪群提供一个舒适、干净的生长环境，减少对周边环境的负面影响，从而实现生态养殖，提高生产效益。

（一）猪场设计应该考虑的因素

不论多大规模的猪场，它都是由多个具有特定功能的猪舍以及其内部的配套设施一起组合构成的立体、丰富、功能多样的建筑结构群。猪场内部的多方面因素都与猪群的生长、健康之间存在联系。因此，在开始设计猪场前需要结合猪群的生理特点综合考虑多方面因素进行规划设计。

1.疾病防控

在现代集约化的饲养环境下，流行性疾病的泛滥现象较为严重，疫病的种类也较为复杂，经常出现旧病未除（比如猪瘟），又添新病［如猪蓝耳病（猪繁殖与呼吸综合征）、伪狂犬病以及猪圆环病毒等］情况，一猪多病现象普遍存在，造成疫病的诊断和防治十分困难。猪群感染某些疫病后免疫系统会被破坏，抵抗力下降，并进一步导致其他致病菌入侵体内，从而发生继发性感染。猪场发生传染病后，病原微生物在猪体内外大量的繁殖，如果未能对病原菌进行有效控制，不仅会导致传染病在本场内部的快速传播，导致大范围的感染，病原菌还会通过病死猪、排泄物、空气、水、设备用具以及工作人员的进出等环节污染周围环境，导致疫病更大范围的传播。

疾病的发生会大大降低猪场的养殖经济效益。虽然随着兽医研究工作的逐渐深入，药物可以在一定程度上对疾病的发生起到积极的控制作用，但是所需费用越来越高，并且随着动物抗药性的增加，药物的效果也逐渐降低。因此在猪场建设之初建立一套有效、完整的生物安全系统，可以从源头上控制疾病的发生和传播。虽然建造这套系统会引起成本的小幅度提高，但是远比疾病发生后造成的损失少得多。

2.猪舍的内部环境

猪舍是猪群生长活动的主要场所，不同阶段的猪群生理特点并不一致，对环境的偏好和忍耐程度也各有不同，因此，在猪场设计之初要根据猪群的生理特点进行区别设计。猪舍内部的温度、湿度、空气质量、光照、气味、粪便等因素都会影响猪群的健康和生长。

（1）温度。猪群对于温度的敏感程度较高，舒适的环境温度对猪群的健康和生长起到积极的促进作用；相反，过高和过低的环境温度都会引起猪群应激，给养猪生产带来损失。母猪长期饲养于高温环境中可以导致体温升高，内分泌发生改变，发情持续期缩短，并且发情周期延长。种公猪表现为性欲抑制、精子活力降低、精子畸形率增加等后果。仔猪对于环境温度也非常敏感，低温对新生仔猪的危害最大。短时间裸露在0℃温度下，仔猪便可被冻僵、冻昏，甚至冻死。此外，低温也是造成仔猪黄痢、白痢和传染性胃肠炎等腹泻性疾病的主要诱因，同时还会诱发呼吸道疾病。因此，在夏季环境温度过高时，猪舍必须采取防暑降温措施；在冬季必须采取防寒保暖措施。下面是可以考虑的一些措施，养殖者可以根据自身情况进行选择。

降温可以采取的措施：猪舍隔热、遮阳、绿化、滴水降温、风扇、水帘、畜禽空调、铺冷水管、抬高产床、开地窗、喷雾、减小饲养密度、加大窗户面积、加强通风、屋顶喷淋等。

保温可以采取的措施：水暖、气暖、塑料大棚、煤炉、火墙、地炕、地暖、空调、热风机、红外线灯。

（2）湿度。湿度是用来表示空气中水汽含量多少的指标，一般用相对湿度表示。猪舍内部的水汽主要由大气水蒸气，猪呼吸道和皮肤散发的水汽以及地面墙壁等物体表面蒸发的水汽组成。猪舍湿度过高会增加呼吸道传染病的发病率和传播速度。猪舍内湿度对猪群生长繁殖的影响与环境温度关系非常密切，长期的高温高湿环境会对母猪繁殖力造成明显的负面影响，严重时会造成母猪流产、死胎和难产等不良后果。

为了防止舍内的湿度过高，应尽量地减少水汽的来源，防止地面不平整和沟渠不通畅引起的积水，并设置通风设施，加快舍内外空气流通和交换。也可以通过提高墙壁和房顶的保温能力减少水汽的产生。

猪舍内空气温度和相对湿度见表1。

表1 猪舍内空气温度和相对湿度

猪舍类别	空气温度（℃）			相对湿度（%）		
	舒适范围	高临界	低临界	舒适范围	高临界	低临界
种公猪舍	15～20	25	13	60～70	85	50
空怀妊娠母猪舍	15～20	27	13	60～70	85	50
哺乳母猪舍	18～22	26	16	60～70	80	50
哺乳仔猪保温箱	28～32	35	27	60～70	80	50
保育猪舍	20～25	28	16	60～70	80	50
生长育肥猪舍	15～23	27	13	65～75	85	50

注：①表中哺乳仔猪保温箱的温度是仔猪1周龄以内的临界范围，2～4周龄时的下限温度可降至24℃。其中其他数值均指猪床上0.7厘米处的温度和湿度。②表中的高、低临界值指生产临界范围，过高或者过低都会影响猪的生产性能和健康状况。生长育肥猪舍的温度，在月平均气温高于28℃时，允许上限提高1～3℃；月平均气温低于5℃时，允许下限降低1～5℃。③在密闭式有采暖设备的猪舍，其适宜的相对湿度比上述数值要低5%～8%。

（3）空气质量。由于猪的呼吸、粪尿、垫料以及饲料腐败分解等，猪舍内空气中含有包括氨气和硫化氢在内的带有臭味的有害气体，并且其中二氧化碳的浓度也偏高。此外，猪舍空气中还含有大量的灰尘和微生物。当猪舍中有害气体含量高于一定浓度时，会严重影响猪的食欲、健康和生长性能，并且引发呼吸道疾病和中枢神经系统疾病。

控制有害气体浓度的关键措施是及时清除粪便或者进行粪便处理，保持舍内干燥清洁，并定期做好消毒工作。此外，还可以通过采用排风换气设施加快舍内和舍外的空气流动，降低舍内有害气体浓度。在寒冷的冬季，为了防止通风导致舍内温度降低，可以通过定期在猪舍内喷雾新过氧化氢溶液消毒剂，其释放出来的氧能氧化空气中的氨气和硫化氢，从而起到杀菌、除臭和净化空气的作用。

养猪场和猪舍空气质量指标见表2、表3。

表2　养猪场空气质量指标

项目	氨气 (毫克/米³)	硫化氢 (毫克/米³)	二氧化碳 (毫克/米³)	可吸入颗粒 (标准状态) (毫克/米³)	总悬浮颗粒 (标准状态) (毫克/米³)
指标	<5	<2	<750	<1	<2

表3　猪舍空气质量指标

类　别	氨气 (毫克/米³)	硫化氢 (毫克/米³)	二氧化碳 (%)	细菌总数 (万个/米³)	粉尘 (毫克/米³)
公猪舍	<26	<10	<0.2	<6	<1.5
成年母猪舍	<26	<10	<0.2	<10	<1.5
哺乳母猪舍	<15	<10	<0.2	<5	<1 500
哺乳仔猪舍	<15	<10	<0.2	<5	<1
保育仔猪舍	<26	<10	<0.2	<5	<3
生长育肥猪舍	<26	<10	<0.2	<5	<70

（4）光照。光照可以通过刺激动物垂体前叶促性腺激素的分泌从而促进动物的生长和增重。光照不足会影响蛋白质和矿物质的沉积，使发育受阻；光照过强，则会导致动物代谢加强而降低饲料报酬，甚至还

会引发猪群产生咬尾等不良行为。此外，适当的光照还可以提高动物血液的杀菌能力和集体免疫力，也可借助紫外线成分，提高机体吸收钙、磷的能力。猪舍中的光照来源可以是通过窗户而照射进来的自然光，也可以是通过加装照明设施而增加的人工光照。

（5）饲养密度。饲养密度指舍内猪的密集程度，一般用每头猪所占栏的面积（平方米）来表示（表4）。较低的饲养密度对猪的生长和饲养效率的提高是有益的，但是对猪舍的利用不经济。但是过高的饲养密度会引起局部环境温度增高，影响动物食欲，降低采食量，在炎热的夏季也不利于舍内降温防暑。拥挤的生存环境也会引发猪群的咬斗现象，不利于群居秩序的建立，影响猪群的采食和休息，降低饲料转化率。此外，还会导致舍内有害气体浓度上升，影响动物健康。

表4 猪的饲养密度

猪群类别	每栏饲养猪头数	每头猪占栏面积（米^2）
种公猪	1	9.0 ~ 12.0
后备公猪	1 ~ 2	4.0 ~ 5.0
后备母猪	5 ~ 6	1.0 ~ 1.5
空怀妊娠母猪	4 ~ 5	2.5 ~ 3.0
哺乳母猪	1	4.2 ~ 5.0
保育仔猪	9 ~ 11	0.3 ~ 0.5
生长育肥猪	9 ~ 10	0.8 ~ 1.2

（6）粪便、污水处理。高密度的生猪饲养每天

都会源源不断地产生大量的粪便、污水，如果不能及时合理地将这些高浓度粪污进行有效处理，短时间内就会造成猪场内粪污横流、臭气熏天、蚊蝇遍地的后果。粪尿分解产生大量有害气体，在这样的环境下，生猪的生产性能会明显降低，同时病原微生物迅速滋生，将进一步导致猪群感染疾病，造成养殖经济效益受损。不经合理处理的粪便污水随意排放，也会导致周边水域水体污染，影响附近的渔业养殖、农业种植和附近居民的生活。因此，在建设猪场前期，应结合猪场自身的地理位置、经济投入、生产目的等因素对如何处理粪便污水进行考虑和布置。

粪便的处理方式可以从两个方面着手：直接出售和就地变废为宝。养殖场可以将生产过程中产生的粪便进行人工或者机械方式进行收集，直接出售给农户，约定好时间后，农户定期来到养殖场将粪便转移。养殖场也可以选择在养殖场内直接进行粪便的生物处理。处理的方法包括有机堆肥和生产沼气。

堆肥处理将粪便和其他的有机物如秸秆、杂草等混合堆积，在微生物的发酵作用下堆肥混合物中的有机物发生降解，大量无机氮被转化成为微生物的有机氮，形成比较稳定、一致且基本没有臭味的产物。并且在这个过程中，堆肥产生的高温可以杀死粪便中的病原微生物和寄生虫卵，减少了动物感染的风险（图1）。

利用粪便生产沼气是将猪粪和其他有机物质（比如垫料）在厌氧的环境中，通过微生物发酵而产生可燃气体，主要成分为甲烷、二氧化碳、一氧化碳、硫

图1 猪粪堆肥

化氢和氢气等。生产出来的沼气可以为养殖场及其周边供暖和提供燃料,还可以解决大量猪粪带来的环境污染和疾病风险(图2)。发酵沼气后的残余物质无毒无味,是一种易被植物吸收的速效肥料,不仅可以促进植物生长,还可以增强农作物的抗逆性。

图2 养殖小区沼气工程

(7)猪尿液和污水的处理方式。养殖场产生的污水通过物理法、化学法或者生物处理法等方式处理后，可以作为无害化用水，用作农田灌溉、养鱼、冲洗圈舍等。

物理处理法：采用沉淀池、滤网和离心法将污水中的悬浮物进行去除，实现固液分离，将固体杂质沉淀后，即可将污水排入下水道或者污水坑内。分离出来的固体部分经过干燥可以再进行粪便处理。

化学处理法：通过在污水中加入化学物质，使得污水中的悬浮物和胶体沉淀，从而达到净化污水的目的。

生物处理法：利用污水中微生物的代谢作用，分解其中的有机有害物质，使其达到无害化。

3.猪场选址

选择一个适宜的地点是开始建造猪场非常关键的第一步。首先要对当地政府的畜禽养殖规划进行了解，避开政府划定的避养区。选择场址的时候，应尽量选择在偏远的地区，综合考虑地形地势、场地面积、地质特点、水源、交通、防疫环保以及周围环境等因素进行选择（图3）。

图3 猪场选址

（1）地形、地势。猪场建设的地形最好是开阔整齐，有利于猪舍的场地规划和建筑物布局。地势上最好选择高燥、平坦、背风向阳，并且有缓坡的位置，缓坡的坡度以1%～3%为宜，最大不超过5%，有利于旱涝天气积水的排放。选址时要尽量避免在山坡、坡底、谷底和风口建场，防止在猪场上空形成空气旋涡。地下水位要低于地表2米以下，在靠近江河的地区，场址应该比当地的历史水位高出1～2米。

（2）场地面积。猪场的场地面积要根据猪场生产的任务、性质、规模和场地的总体情况而定，一般按照能繁母猪每头40～50米²、商品猪每头3～4米²考虑（表5）。猪场生活区、管理区和隔离区的面积需要另行考虑，根据每个猪场员工人数和设施配备预留出足够空间。

表5　每头猪占栏面积参数

猪群类别	每头猪占栏面积（米²）	猪群类别	每头猪占栏面积（米²）
空怀妊娠母猪	1.8～2.5	培育仔猪	0.3～0.4
哺乳母猪	3.7～4.2	育成猪	0.5～0.7
后备母猪	1.0～1.5	育肥猪	0.7～1.0
种公猪	5.5～7.5	配种栏	5.5～7.5

（3）地质特点。猪舍场地要求土质坚实、透水性强，吸湿性和导热性小，这样的土壤热容量大，场区的昼夜温差较小，同时也可以抑制微生物和蚊蝇的滋生。沙土的特点是透气透水性强、吸湿性小，但是导热性能也较强，容易导致场区内温度变化幅度过

大，对猪的健康不利；黏土虽然导热性小，但是其透气性、透水性较弱，吸湿性较强，遇到阴雨季节容易造成场区内路面泥泞打滑，并且抗压性低，不利于建筑物的稳固。沙壤土兼具沙土和黏土的优点，是较为理想的建场土壤，在有条件的情况下，尽量选择以黄沙土壤或者红壤为主的场地进行猪场建造。此外，虽然土壤有一定的自我净化能力，但是有些微生物可存活多年，因此在建场的时候要选择未被病原体污染的场地。

（4）水源。猪场的用水需求主要包括猪的饮用水、猪场员工的生活用水以及饲养管理用水（如清洗调制饲料、冲洗圈舍、清洗机具用具等）。因此猪场的水源要求水量充足、水质良好、便于取用，并且容易净化和消毒。若是以自来水为水源，水质须符合饮用水的卫生标准。以地面水做水源时必须经过过滤和消毒处理，并且在取水点周边200米范围内不应该有任何污染区。以地下水作为水源时，水井周边50米范围不应有污染源。猪场的水源水质应符合表6标准。

表6　水质标准

项　目	正常范围	最大限量
硝酸盐（克/吨）	0～45	300
硫酸盐（克/吨）	0～250	<3 000
氯化物（克/吨）	0～250	300
铜（克/吨）	0～0.03	0.5
铁（克/吨）	0～1	2
硬度（以钙计）（克/吨）	0～180	180
总盐分（沉淀物）（克/吨）	0～500	<3 000

项　目	正常范围	最大限量
氟（克/吨）	0 ~ 0.03	2.0
酸碱度	6.8 ~ 7.5	6 ~ 8
大肠杆菌数（个/100毫升）	0	根据水源

（5）交通与防疫。养殖场的正常运行需要饲料的不断供给，同时生产过程中产生的废物也需要及时地运离养殖场，因此猪场的建造应该选择在交通便利的地方。但是考虑到猪场的防疫要求和环境保护，厂址的选择应尽量地避开主要交通要道400米以上；一般距铁路与一级、二级公路不应少于400米，距离三级公路不少于200米，距离四级公路不少于100米。

为了保证猪场交通便利又不影响防疫，在建造猪场时最好设有专用的道路与主干道相通。

（二）猪场内部规划

猪场的布局对于猪场生产效率的提高非常重要，好的布局可以降低不必要的重复劳动，减少生产污染，提高生产效率。相反，不恰当的布局会导致生产效率低下。猪场的布局既要符合生产的流程，又要达到防疫要求，总的原则是节能减排、经济耐用、操作方便、冬暖夏凉、通风干燥，最好还可以兼顾"种养结合、生态循环、综合利用、变废为宝"的环保模式。

猪场的建设在总体布局上至少包括管理区、生产区、生活区和隔离区四个功能区的设置（图4）。按照生产流程的防疫要求，各区应该根据当地的主风向和地势，按照生活区—管理区—生产区—隔离区的顺序进行建造。

图4　猪场建设布局

1.生活区

生活区是猪场工作人员及其家属日常生活的地方，一般包括职工食堂、职工宿舍等。此区域应该与生产区进行严格分离，设在整个场区的上风向或者与风向平行的一侧，或者地势较高的地方。

2.管理区

管理区是猪场工作人员上班的地方，包括办公室、饲料加工车间、仓库等，有着对内管理和对外接待的两项任务，也是猪场和外界相通的一个重要环节。为了方便从管理区运送饲料到生产区，管理区一般与生产区相邻而建，但是为了遵循防疫要求，管理区与生产区之间最好用墙进行隔离，使其自成一院。

放置饲料的仓库应尽量靠近进场前的道路处，并在外侧墙上设置卸料窗，通过卸料窗将场外的饲料入库。

3.生产区

生产区的建筑面积一般占到整个场区建筑面积的70%～80%，是猪场的核心区域，主要包括各类猪舍、更衣室、消毒室、药房、出猪台、尸体处理区等。不同类型的猪舍在布局的时候都要符合现代养猪生产的特点，按照繁殖过程安排工艺流程，全进全出，一般遵循以下原则：①种猪区应与其他猪舍隔离开来，形成种猪区。②在地势上，种猪区应设在猪场的上风向，为了防止母猪的气味对种公猪形成不良刺激，种公猪在种猪区的上风向。③配种舍要设有运动场，有利于配种的成功率。④分娩舍除了要靠近妊娠舍有利于母猪转舍，还要靠近培育猪舍，有利于仔猪转舍。⑤育肥猪舍设在下风向，且靠近出猪台，方便猪群出栏后的运输。此外，为了防止外来病原菌对本场区的污染，在生产区的入口处须配置专门的消毒间或者消毒池，以便进入生产区的人员和车辆进行消毒。有条件的猪场，还应该在这个区域设置更衣室用于饲养人员或者外来人员进场时更换衣服。

4.隔离区

隔离区主要是出于防疫的角度考虑用来存放病死猪尸体以及生产废弃物的堆放和处理的，因此这个区域应该与生产区和生活区严格分隔，应该设在下风向或者地势较低的位置。

此外,场区内还需要规划一些附属配套区,包括道路、供水供电、围墙、排水排污和绿化等。场区内的道路应该净、污分道,互不交叉,出入口分开。净道用于人行和饲料、产品的运输,污道主要用于粪便、病猪和废弃设备的专用道。场区内还应当进行适度的绿化,不仅可以净化空气、美化环境,还可以改善猪场小气候,绿化还可以在不同区域之间形成一道隔离屏障,减少疫病的传播。

猪场整体规划见图5。

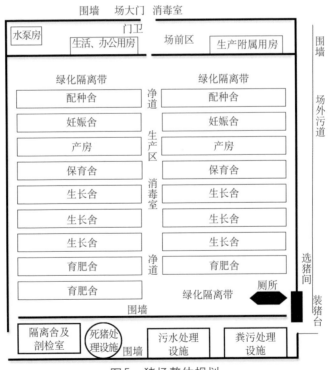

图5 猪场整体规划

（三）猪舍设计

猪舍内的小气候环境，如温度、湿度、光照以及空气清洁度等因素都会对猪群的健康和生长产生重要的影响。因此，在进行猪舍设计的时候，应该综合考虑各种因素，结合当地的自然气候和利用猪场的自身环境尽量创造出有利于猪群生长发育的猪舍环境。在设计猪舍时要遵守冬暖夏凉、通风透光、保持干燥的原则。

1.猪舍建筑类型

猪舍按照墙的结构分为开放式、半开放式和密闭式，密闭式猪舍按照有无窗户可分为有窗密闭式和无窗密闭式，养殖户根据当地的气候条件因地制宜，但是总体要求猪舍的建造应该东西走向，坐南朝北，有良好的通风，并且有充足的阳光。

（1）开放式猪舍（图6）。开放式猪舍三面设墙，一面无墙（一般选择南面），可以采用围栏将多猪群进行关拦，也可以无任何围墙完全敞开。这种猪舍的优点是结构较为简单，造价成本低，而且猪舍内能获得充足的阳光，通风也较好，同时猪群可以自由地活动。缺点是舍内受周围环境的影响较大，尤其在寒冷的冬季会导致舍内温度较低。为了克服这种情况，养殖户也可以在冬季加设塑料薄膜或者利用即用塑料扣成大棚式的猪舍，利用太阳辐射提高舍内温度。开放式的猪舍一般在冬天温度较高的南方地区采用。

图6　开放式猪舍

（2）有窗密闭式猪舍（图7）。有窗密闭式猪舍四面均设墙，墙壁砌至屋檐，外围结构完整。有窗密闭式猪舍窗户一般设在纵墙上，窗户的大小和数量均需根据当地的气候进行设置。一般来讲，寒冷的地区为了防止冬天舍内温度过低，窗户的数量可以适当地减少，南向窗户宜大，而北向窗户宜小，通过利用自然气候调整阳光和通风以提高猪舍的保温性能。南方地区夏季较为炎热，并且持续时间较长，可以通过在两个纵墙上开设地窗，屋顶设通风管或天窗来解决夏季通风降温的问题。这种猪舍的优点是保温密闭性较好，并且可通过窗户的开启在不同季节调整舍内的通风，达到舍内环境温度的人工控制，但缺点是造价相对较高，建筑结构也较为复杂。我国大部分地区均可以采用这种类型的猪舍，特别对于气候较为寒冷的北方地区更为适宜。由于幼龄仔猪对寒冷非常敏感，南方地区的分娩舍、保育舍在有条件的前提下也应采用这种猪舍。

图7　有窗密闭式猪舍

（3）无窗密闭式猪舍（图8）。这种猪舍四面设墙，但并不设置窗户用于通风换气和采光，只设应急窗户用于停电时急用，因此与外界自然环境隔绝程度较高。舍内的通风、换气、光照、采暖、降温等均靠人工设备进行调控，舍内的环境可以根据猪群的生理特点实现精准的调控，非常有利于猪的生长发育，发挥生长潜能。但是这类型的猪舍建造成本较高，而且同时需要配备各种通风、采光、采暖或者降温设备，设备购买和维护成本也较高。养猪户可以根据自身情况选择在分娩舍和保育舍采用这种类型的设备，防止仔猪因为低温引发腹泻和死亡。

图8　无窗密闭式猪舍

2.猪舍屋顶选择

当养殖户决定采用密闭式猪舍的时候，还需要根据自身情况对猪舍的屋顶形状进行选择，选择的种类可包括单坡式、双坡式、不等坡式、平顶式、拱顶式、钟楼式、半钟楼式（图9）。

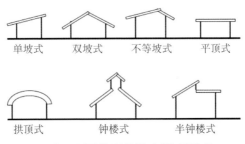

图9　不同类型的猪舍屋顶形式

（1）单坡式猪舍。单坡式猪舍的屋顶由一面斜坡构成，跨度较小，结构简单，成本低，投资少，并且屋顶排水性较好，采光充分，通风性良好，但是由于前面敞开导致保温隔热性能较差，并且土地利用率较低，适合小规模的养殖场。在冬天气温较低的时候，可加盖塑料膜解决冬季保暖性能差的问题（图10）。

（2）双坡式猪舍（图11）。双坡式猪舍的屋顶由两面长度一致的斜坡构成，跨度可大可小，可以用于各种跨度的猪舍，易于建造，造价成本低，舍内的通风和保温性能也较好。与单坡式猪舍相比可以节约土地和建筑面积，但是对建筑材料的要求较高。这类型

的猪舍一般适用于跨度较大的双列式或多列式猪舍和
规模较大的养殖场。

图10 单坡式猪舍加盖塑料膜

图11 双坡式猪舍

（3）不等坡式猪舍（图12）。不等坡式猪舍的屋
顶由前后两个不一致的坡面构成，一般前坡较短，后

坡较长，前坡可用于遮风挡雨雪，保温性能与双坡式相比得到了很好的提高，但是采光略差，适合用于坡度较大的猪舍和较小规模的养猪场。

（4）平顶式猪舍（图13）。平顶式猪舍的屋顶呈水平状，主要由钢筋混凝土屋面板或者预制板构成，优点是屋顶的平台可以得到充分利用，保湿防水可一体完成，施工较为快速。

图12　不等坡式猪舍

图13　平顶式猪舍

（5）拱顶式猪舍（图14）。拱顶式猪舍的屋顶呈圆拱形，造价也较低，适用于较大跨度的猪舍，但是屋顶的保温性能较差。

（6）钟楼式和半钟楼式猪舍（图15）。这两种猪舍通过在双坡式屋顶上安装天窗从而改善舍内通风效率，有利于采光。如果在双面或者多面安装天窗成为钟楼式，只在南面安装则为半钟楼式。这种类型的猪舍投资较大，在生产中使用较少。

图14 拱顶式猪舍

图15 钟楼式猪舍

3.猪栏安排

猪舍在建造前应考虑好猪舍内猪栏的列数，猪舍按照猪栏的列数分为单列式、双列式、三列式以及四列式。

（1）单列式猪舍（图16）。单列式猪舍是在一栋猪舍内，猪栏排成一列，可分为带走廊和不带走廊两种单列式。饲喂走道一般设置在靠北墙的位置。这种猪舍跨度较小，结构简单，建筑材料要求也较低，造价低廉，施工迅速，维修方便，但缺点是建筑面积利用率较低，适用于规模较小的养猪场。

图16　单列式猪舍

（2）双列式猪舍（图17）。双列式的布局可以让两侧猪栏里的猪群获得充足的采光，而且猪舍面积不会因为过大导致保温性能降低。双列式猪舍舍内有南北两列猪栏，中间有一条通道。这种猪舍结构紧凑，可以高效地利用猪舍面积，并且便于管理，提高饲养管理的工作效率，比较适合规模较大的养殖场使用。

图17　双列式猪舍

（3）多列式猪舍（图18）。这种猪舍内有三列或者三列以上的猪栏，单位面积可以容纳的猪只较多，猪舍面积利用效率较高，通常需要采用机械化的管理方式才可以高效饲养，因此此种方式适用于大型的机械化养殖场采用。

图18　多列式猪舍

4.猪舍内设备购置

高效的生态养殖不仅需要科学合理的猪舍建筑设计，其内部的设施的合理选配和维护也起着非常关键的作用，常用的设备包括圈栏设施、饲喂设备、排污设备、保温设备以及降温设施。

（1）圈栏设施。猪栏经常用于公猪、妊娠母猪、哺乳母猪和保育猪的饲养（图19、图20、图21），采购的猪栏结构和参数应该符合表7中的各项要求。

表7　圈栏设施标准

猪栏种类	栏高（毫米）	栏长（毫米）	栏宽（毫米）	栅格间隙（毫米）
公猪栏	1 200	3 000 ~ 4 000	2 700 ~ 3 200	100
配种栏	1 200	3 000 ~ 4 000	2 700 ~ 3 200	100
空怀妊娠母猪栏	1 000	3 000 ~ 3 300	2 900 ~ 3 100	90
分娩栏	1 000	2 200 ~ 2 250	600 ~ 650	310 ~ 340
保育栏	700	1 900 ~ 2 200	1 700 ~ 1 900	55

图19　母猪限位栏

图20 母猪高床分娩栏

图21 仔猪高床保育栏

（2）饲喂设备。料槽在设计时需要从提高猪的采食量，但是尽量避免造成饲料浪费的角度出发。在生产中，保育猪和育肥猪在大栏群体饲养过程中由于料槽设计不合适导致饲料浪费的现象是很普遍的，这些损失是猪场生产效益较低的重要原因。料槽的类型很多，包括干湿料槽、旋转料槽、长条形料槽、储藏室料槽等（图22）。如果不采用漏缝地板的话，将猪舍地板冲洗干净后也可将饲料直接撒在地板上进行饲喂。当确定每个栏舍内饲养的猪只的头数后，根据每个料位可以提供3～4头猪采食的原则确定料位的数量，如果料位数量不足，容易造成猪只抢食、争斗等现象，料位数量过多也会导致饲料无法被及时消耗而长期存在料槽中发生发霉现象。料槽出料口应低于料槽的外延以防止饲料漏出造成浪费，料槽大小也应适宜，太小或者太浅会导致进食过程中饲料的外溢。

图22 不同类型的料槽

将自来水作为水源供应的猪场可以安装乳头式饮水器进行供水，没有自来水设备的场区可以安装自制水箱。饮水器的高度和数量要根据不同阶段的猪群的需求进行调整，保证足够的饮水量。对于体型较为矮小的保育猪，饮水器的位置要装得离地面近一些，保证仔猪可以不费力地够到饮水器进行饮水。一般一个栏舍内，8～10头需要配备一个饮水器。

（3）排污设备。养殖过程中猪群产生大量的粪便和尿液，如果不及时清理或进行除臭处理会导致舍内有害气体浓度增加，影响猪群和工作人员的身体健康。猪场常用的排污方式有以下几种，养殖户可以根据自身的资金情况和养殖情况进行选择。

水冲法：如果养殖场是使用漏缝地板进行养殖的话，就可以直接用高压水枪冲洗散落在漏缝地板上的粪尿，待粪尿混合物被冲至污水沟后进入集污池，再用固液分离机将粪便残渣和液体污水进行分离，之后采用本书前述的方法进行生物处理。这种排污方法需要猪场配套漏缝地板（图23）、深排水沟、大容量的污水处理设备，投资所需资金较多，而且污水处理的日常维护费用较高。

图23　漏缝地板

传统干清粪法：这种方法适合于较小规模且人力成本较低的养殖场，主要是由猪场工作人员在猪舍内先对粪便进行收集，通过手推车将粪便集中运到堆粪场，再进行下一步加工处理。舍内地面设置多条浅排污沟，利用高压水枪将地面上的尿液冲入排污沟排出舍内。这种方法成本较为低廉，而且维护过程中用水量较小，排出的污水也更容易处理。

发酵床：发酵床生态养殖是指将筛选出的微生物菌株与猪的垫料（锯末、秸秆、稻壳、米糠等下脚料）相混合形成一个相对稳定的有益活菌制剂作为发酵床，将猪群直接饲养于发酵床上，其排泄的粪便和尿液会被发酵床的垫料及时地吸收进去，并作为有机质被微生物降解利用，促进了垫料中有益微生物的繁殖，粪便的臭味在这个过程中也大大降低，改善了畜舍的空气质量（图24）。同时，猪群还可以通过采食垫料获取大量优质的微生物蛋白质，节省饲料，提高猪群的肠道健康水平。此外，微生物在降解过程中会产生热量，可提高舍内环境温度，节约保温措施带来的费用，也可将发酵床加温形成一个天然的"保温

图24　发酵床养猪

床"，提高猪群的生活舒适度，促进其生长并提高生产性能。使用发酵床养猪可以实现粪污零排放、零污染，还可以提高饲料转化率，提高猪群抵抗力和猪肉品质。采用发酵床养猪时，养殖场不需要配置漏缝地板、高压水枪、排污管、化粪池以及污水处理厂等，大大降低了猪场固定资产的投入。大多数养殖场均可以根据自身特点合理地灵活采用发酵床进行养猪。

（4）保温设施。舍内温度对于猪群生长潜能的发挥非常重要，不适宜的温度会对猪群产生应激从而导致生产性能下降，因此猪舍内应根据不同阶段猪群的生理特点配备相应的保温、降温设施。

仔猪对于低温较为敏感，分娩舍和保育舍应配备供暖保温设施。常用的局部供暖设备是红外线灯（图25），优点是设备简单，安装方便，可通过调整红外灯的高度来调节仔猪的受热量。另外也可以使用红外线加热器，但是这种设备费用较高。由工程塑料制作

图25　红外线灯

的电热保温板（图26）也是一种常用的仔猪保暖设备，其版面上附有的条纹可以防止仔猪摔倒。

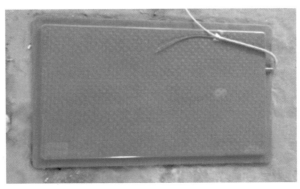

图26　电热保温板

塑料大棚可以适用于开放式和半开放式的猪舍，造价较低。

煤炉比较适用于天气寒冷且煤供应充足的地区，加热速度快，移动方便，可用于应急使用。

在水泥地面中埋设循环水管，天气寒冷时，将水管中的水加热使得地面温度升高，这种方法不占用地面面积，而且也容易进行改造，使用较为普遍。

将锅炉的热量通过热风机送入猪舍升高舍内温度，这种方法可以均匀地提高舍内温度，而且干净卫生，价格也较为便宜。

（5）降温设施。炎热的夏季会给猪群带来热应激，尤其是妊娠母猪和泌乳母猪，猪舍应采取必要的防暑降温设施。

水蒸发式冷风机：利用了水蒸发吸热的原理对舍

内进行降温，会给舍内带来一定水汽，因此在干燥的条件下使用的效果较为良好，对于湿度较高的地区使用效果不太好。

喷雾降温系统：是将冷水通过高压水泵的喷头形成直径小于100微米的雾粒（图27）。雾粒在猪舍内漂浮时吸收空气的热量而汽化，从而降低舍温。此系统一般采用自动控制，当舍温高于所设定的最高值时，开始自动喷雾，每喷1.5～2.5分钟后间歇10～20分钟再继续喷雾，从而避免舍内过于潮湿，当舍内温度低于设定的最低值时自动停止。这个系统适用范围较为广泛，投资低廉，还可在水箱中添加消毒药物从而在喷雾过程中对猪舍进行消毒。

图27　喷雾降温系统

滴水降温系统：在母猪分娩舍，由于母猪喜欢较低的温度，而仔猪则要求温暖干燥，不能喷水以防地面潮湿，因此可以使用滴水降温法。将冷水通过母猪上方的滴水孔准确地淋到母猪的头颈部和背部，通过水分蒸发带走母猪的体热达到降温的目的。为了防止母猪身上的水滴溅到旁边的仔猪身上引发受凉，在实际使用过程中需要调节好滴水量。

水帘降温系统：猪舍一端山墙或侧墙安装水帘，另外一端山墙或侧墙安装风机，当风机向外排风时，水帘一侧的外部空气通过水帘降温之后进入舍内，将舍内温度降低（图28）。这种方式不适宜在产房使用，因为会增加舍内的湿度，对仔猪不利。在使用这种方式时，要注意关闭窗户以防进风的时候短路，使得局部空气温度反而升高。

图28　水帘降温系统

空调：这种方式可以在猪舍内平均降温，但是耗电量较高，且空调随着使用寿命的增加，降温效果也逐渐变差。

铺冷水管：这种方式常用在妊娠母猪舍，在母猪床下方设置循环水管，在母猪身下流动的冷水可形成局部低温区，有效防止母猪生产前的热应激。

5.不同功能的猪舍设计

（1）公猪舍设计。公猪最好设立独立的猪舍，并在设计的时候应考虑维护公猪肢蹄健康，保证其正常的生精和配种能力，并且舍内温度应该维持在符合公猪睾丸环境温度的要求范围内（图29）。

图29　公猪舍

注意事项：①公猪栏应该足够宽大可以允许公猪有一定的活动空间，以防止睾丸摩擦而导致受伤，影响精子活力，并且栏也不宜过低，应高于130厘米，以免爬跨和跳栏。②为了防止肢蹄损伤，舍内地面应使用有水时仍然防滑的材料以免公猪在圈舍清洗或者排尿后滑到，同时地面也不应过度粗糙，以免肢蹄磨伤，尽量采用水泥地面或者高压水泥砖地面。③为了配种方便和有利于母猪发情，公猪栏应该靠近待配母猪栏，可将公猪栏设置在母猪栏的对面、旁边或者几个母猪栏的中间。④高温会严重影响公猪的繁殖性能，降低精子活力，还会降低公猪性欲，因此公猪舍必须配备降温设施，保证温度变动在13～18℃。⑤每天12小时以上的光照不利于精子的产生，因此在夏季的时候需要采取遮阳措施。⑥公猪每天需要有适度的运动才可提高精液质量，维持正常的繁殖性能，因此公猪舍应配备运动场，面积大小可以与栏舍相当或者大于栏舍面积，场地可以采用沙土地面或者水泥地面。

（2）妊娠母猪舍设计。妊娠母猪舍是用来饲养发情后已经成功配种的母猪，母猪在妊娠舍度过整个妊娠期，因此在设计时要考虑母猪在妊娠期的生理特点，防止流产和肢蹄损伤，现在大多数的养殖场对妊娠母猪采用限位栏的饲养方式（图30）。

图30　妊娠母猪舍

妊娠母猪舍设计时应注意以下几点：①母猪妊娠期对于环境温度较为敏感，过高的环境温度会增加母猪流产和死胎的风险，因此在南方地区，妊娠母猪舍一定要配备防暑降温的设备，比如通风、淋浴设备等。②为了防止过于粗糙的地面导致母猪肢蹄受损以及地面过滑导致母猪摔倒流产，妊娠母猪舍地面应采用高压水泥地面或者部分条状地面。③为有利于防疫，确保生产安全，设计时应根据生产流程按全进全出制度进行设计，按照猪场规模确定流转量，并且按照同期发情、配种、转群和妊娠进行栏舍设计，保证生产的高效运作，减少场内面积和栏舍的浪费。

（3）分娩母猪舍设计。分娩舍也称产房，这里主要饲养哺乳期的母猪和仔猪，是母猪分娩和哺育仔猪的场所，因此需要兼顾母猪和仔猪的需要，既要保证母猪正常的泌乳功能，还要尽量减少仔猪出生后的环境应激（图31）。

图31　分娩舍

分娩母猪舍在设计时应考虑以下几点：①由于母猪和仔猪的最适宜温度和可忍耐的温度不一致，母猪怕热而仔猪怕冷，因此为了促进母猪的正常采食和泌乳，舍内的温度不能太高，猪舍的顶部和侧面可设置通风装置，风门可采用上下开闭式，为了防止吹到仔猪，最好以上风口调节。②为了给仔猪创造较为适宜的环境温度，仔猪所在的区域应设有局部性的保温设施，如保温灯、保温箱、保温电热板等。常用的保温箱长1米，宽和高各60厘米，悬挂150～250瓦红外线灯或者60～100瓦的白炽灯。③为了防止母猪翻身或者行动时挤压到仔猪导致伤害或造成死亡，建议采用防压架或者限位栏。④母猪在潮湿环境下容易感染各种疾病，长期躺卧在潮湿地面上也会肢蹄溃烂发炎，因此分娩舍应保持干燥，最好将产床的高度提高到距离地面50厘米处。

（4）保育舍设计。保育阶段的猪生长发育比较迅速，但是由于受到断奶、转群等环境因素的应激，再加上消化器官发育尚未健全，对于各种疾病的易感风险较高，因此在进行猪舍设计时要特别注意卫生和保温，尽量减少各种应激（图32）。

图32　保育舍

保育舍设计时应注意以下几点：①保温措施，仔猪断奶进入保育舍后，体重在7～8千克时环境温度尽量维持在26℃左右；体重在20～25千克时环境温度应维持在23～24.5℃；为了防止仔猪因为受寒发生腹泻，最好以模板或电热板作为床垫。②饲养密度要控制在每圈25头以下，以防密度过高引发打斗。③注意防潮保持干燥，地面最好采用网状地面。

（5）生长育肥舍设计。生长育肥期的猪，由于发育已经较为健全，各项组织器官发育成熟，免疫力功能也得到了进一步的加强，这一阶段的主要饲养目的是提高采食量，加快生长速度，提高饲料报酬，实现尽早出栏的生产目的。这一阶段的饲养一般采用圈养，每圈的饲养头数为25头最佳（图33）。

图33　生长育肥舍

在进行生长育肥舍设计时，应从以下几个方面进行考虑：①此阶段的饲养为自由采食，在不影响猪采食的前提下尽量减少饲料的浪费，因此在料槽的设计时需要结合猪场自身的特点选取适宜的料槽，并将料槽摆放于适当的位置。②高密度的饲养会产生大量的粪便，因此在管理过程中猪舍的冲洗需要耗费大量的时间，将猪舍地面设置成有适当的斜度可以大幅度地提高排水的顺畅性。③高密度的饲养还会导致舍内有害气体浓度上升，因此需在设计时增加通风换气设施，提高粪尿的清除效率，保持舍内空气清新、干燥。

三、猪场废弃物处理

（一）猪场生物安全的重要性

猪场生物安全是一个整体概念，指防止病原微生物进入猪场、控制其在猪场内传播和扩散，并防止猪场内病原微生物继续传播到其他猪场，从而保障猪群整体健康而采取的一系列综合防治措施。猪场生物安全涉及猪场的选址和布局、猪场消毒防疫和管理、车流、猪流、物流和人流的控制、猪场保健和日常管理、有害生物及其他动物的控制等养猪的全过程，其关键是隔离、消毒和防疫，对人、猪群和环境的控制，最后达到建立防止病原微生物入侵的多层屏障的目的。生物安全体系的建立需要生猪养殖各个环节的紧密衔接与配合。同时，建立生物安全体系自我监督与第三方兽医监督相结合的反馈机制是促进生物安全体系不断健全完善的重要保证；人员是猪场的主体，通过持续不断的培训，强化员工的生物安全意识，是规模化猪场长期严格执行生物安全措施的根本保证。

猪场生物安全体系建立的重点是群体疫病的控

制，在目前疫病复杂形势下，通过环境、营养、猪群健康、消毒防疫和兽医管理等各方面的努力，建立可靠的生物安全体系，切实采取综合性的管理和技术措施，才能有效地控制疫病的发生和发展，确保生物安全，保证猪场可持续发展。生物安全体系建立健全和良好运行，能够最大限度地减少猪场内疫病的发生，是猪群健康的基础，是疫病控制的关键，能更好地提高生产效益。总之，建设完善的生物安全体系使猪群始终处于最佳生产状态，最大限度地减少疾病发生概率，是猪场最经济、最有效的疫病控制措施，也是猪场可持续发展的重要途径。

（二）生猪养殖废弃物的主要来源

生猪的规模化养殖为农村经济发展带来了效益，但猪场废弃物对农村环境造成了严重的污染，已极大地限制了生猪产业的可持续发展。生猪养殖场的废弃物主要包括粪尿排泄物（图34）、饲料废弃物、冲栏污水、病死猪等。其中，生猪日常排泄的粪尿是主要污染源。猪的粪尿排泄量受年龄、体重、生理阶段、饲料组成、环境温度等的影响。例如，年龄与体重越小，粪尿排泄量越小；泌乳母猪较妊娠母猪采食量大，排泄量也大；饲料粗饲料含量较高时，猪的采食量大，消化率低，排泄量大；夏季环境温度高，猪的饮水量大，排尿量也多（表8）。部分规模化养殖场建有简易的污染治理设施，畜禽粪便经干湿分离后，干粪作为有机农家肥用于农业生产；尿液、冲栏污水等经沼气池厌氧发酵处理，产生的沼气用作燃料，排出的废水经生物氧化塘处理后用于农业灌溉。但大部分小型养殖场产生的畜禽污染物未经处理就直接外排，对水体、土壤、大气、动物、人体健康及生态系统产生了直接或间接的影响。

图34　猪的粪尿

表8　猪的粪尿排泄量

猪　别	每头日排泄量（千克）		
	粪　量	尿　量	合　计
种公猪	2.0 ~ 3.0	4.0 ~ 7.0	6.0 ~ 10.0
种母猪	2.5 ~ 4.2	4.0 ~ 7.0	6.5 ~ 11.2
后备母猪	2.1 ~ 2.8	3.0 ~ 6.0	5.1 ~ 8.8
育肥大猪	2.17	3.5	5.67
育肥中猪	1.3	2.0	3.3

（三）生猪生态养殖场废弃物排放标准

为了推动畜禽养殖业污染物的减量化、无害化和资源化，2002年国家环境保护总局发布了《畜禽养殖业污染排放标准》（GB 18596—2001），对生猪养殖场污染物排放总量及各种污染物的浓度进行了严格的限定。此标准规定了规模化生猪养殖场（体重25千克以上猪只存栏数≥500头）水污染物、恶臭气体的最高允许日均排放浓度、最高允许排水量，生猪养殖业废渣无害化环境标准，具体排放标准见表9至表13。

表9　集约化生猪养殖业水冲工艺最高允许排水量

项目	存栏猪[米³/（百头·天）]			
季节	春季	夏季	秋季	冬季
标准值	3.0	3.5	3.0	2.5

表10　集约化生猪养殖业干清粪工艺最高允许排水量

项目	存栏猪[米³/（百头·天）]			
季节	春季	夏季	秋季	冬季
标准值	1.5	1.8	1.5	1.2

表11　集约化生猪养殖业水污染物最高允许日均排放浓度

控制项目	5日生化需氧量（毫克/升）	化学需氧量（毫克/升）	悬浮物（毫克/升）	氨氮（毫克/升）	总磷（以磷计）（毫克/升）	粪大肠菌群数（个/100毫升）	蛔虫卵（个/升）
标准值	150	400	200	80	8	1 000	2

表 12　生猪养殖业废渣无害化环境标准

控制项目	指　标
蛔虫卵	死亡率≥95%
粪大肠菌群数	≤10^5个/千克

表 13　集约化生猪养殖业恶臭污染物排放标准

控制项目	标准值
臭气浓度（无量纲）	70

（四）猪场废弃物处理技术

1.废水处理

猪场废水主要来源于猪的尿液、粪便渗出液和猪场冲洗水，其中含有大量粪渣、有机污染物及氮、磷，研究资料表明，部分规模化养猪场废水中化学需氧量浓度高达 5 000 ～ 20 000 毫克/升，氨氮浓度高达 800 ～ 2 000 毫克/升，悬浮物质超标数 10 倍，如果得不到有效处理，会对周围环境、饮用水源、农业生态产生直接威胁和危害。国内外研究者对猪场废水处理已进行了大量的研究，开发经济、高效的猪场废水处理技术是目前研究的热点。目前规模化猪场废水处理主要有还田、自然处理和工业化处理模式，其中涉及的废水处理技术方法主要有厌氧处理技术、好氧处理技术、厌氧—好氧组合处理技术。这些工艺都需要复杂的机械设备和构筑物，工艺的设计和运转需要专业的技术人员执行。目前大多数规模化养猪场配套建设有污染治理设施，处理工艺多为厌氧－好氧组合工艺，但猪场废水处理效率仍然很低，不能保证废水回用或稳定达标。

（1）还田模式。一种传统的、较经济的、操作简便的、有效的废水处置方法，它可以使猪场粪尿不排向外界环境，达到零排放。家庭式养殖户的粪污处理均是采用这种方法。在美国，大部分养殖场采用还田模式处理畜禽粪便。猪场粪污还田指将猪场中粪尿、冲栏废水施于土壤中，借助土壤中的植物和微生物的作用，将粪尿中的有机物质分解转化成稳定的腐殖质及其他植物生长因子，有机氮、磷被转化成无机氮、磷，供植物生长利用，实现养分循环利用，减少化肥的使用，维持并提高土壤肥力、改善土壤特性。我国一般将粪便废水经过厌氧处理后再还田利用，既能回收沼气，杀灭部分寄生虫卵和病原微生物，又可避免因有机物浓度过高引起农作物烂根和烧苗。在美国、日本、澳大利亚等国家，粪污还田前一般不进行厌氧处理，而是储存一定时间后直接灌田。由于担心传播畜禽疾病和人畜共患病，畜禽粪便废水经过生物处理之后再适度地应用于农田已成为新趋势。还田模式如图35所示。

该模式极大地减少了猪场粪便废水的排放，减免了处理过程中的费用，实现了植物营养盐的废物利用，主要适用于远离城市、经济落后的有足够农田消纳猪场粪污的地区，特别是种植常年施肥的作物，如

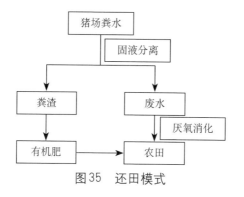

图35　还田模式

蔬菜等经济类作物的地区，并且要求养殖规模不大，养猪场一般年出栏在2万头规模以下。其主要优点是：①污染物零排放，最大限度地实现废物资源化，减少化肥使用量，提高土壤肥力。②投资少，不耗能，无需专人管理，运转费用低。但这种处理模式也存在某些问题：①需要有足够宽广的消纳土地。②未经过处理的猪场粪便废水的有机物浓度较高，容易导致植物烧苗和土壤板结。③不合理的使用方式或连续过量使用会导致硝酸盐、磷及重金属的沉积，从而对地表水和地下水构成污染。④猪粪废水中的致病微生物直接进入环境，存在着传播畜禽疾病和人畜共患病的危险。⑤恶臭以及降解过程产生的氨、硫化氢等有害气体的释放会对大气构成威胁，污染土壤和水体。

（2）自然处理模式。利用自然水体、土壤和微生物的综合作用净化猪场废水，猪场废水经过厌氧处理后，采用生态方法如土地处理系统、氧化塘或人工湿地等自然处理系统进行后处理。自然处理模式适用于远离城市，土地宽广，气温较高，有滩涂、荒地、林地或低洼地可作废水自然处理系统的地区，如我国江西、浙江、福建、广东等南方地区大多采用氧化塘对厌氧出水进行处理。养殖场规模一般不能太大，对于猪场而言，一般年出栏在5万头以下为宜，以人工清粪为主、水冲为辅，冲洗水量中等。自然处理模式如图36所示。

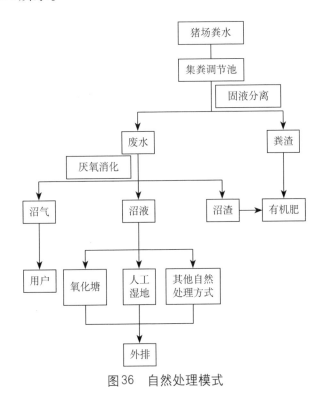

图36　自然处理模式

　　氧化塘，也称为稳定塘，是利用天然或人工修筑的池塘来进行污水生物处理的一种生物处理技术（图37）。废水在塘内停留时间长，利用不同的工作原理和净化机理，可大大降低水体中的有机污染物，并在一定程度上去除水中的氮和磷，减轻水体富营养化，使其排出水的水量水质不超过受纳水体的自净容量。在猪场废水的处理中，经常见到的氧化塘有厌氧塘、好氧塘、水生植物塘（如水葫芦塘等），见图38。

图37　猪场氧化塘

图38　猪场水葫芦塘

人工湿地污水处理技术是20世纪70年代末发展起来的一种污水处理新技术,它是模拟自然界湿地的生物多样性对水进行自然净化的一种方法,利用水生植物、碎石煤屑床、微生物的构成与污水发生过滤、吸附、置换等物理过程,以及微生物的吸收与降解等生物作用,最终实现净化水质的目的。可以将废弃或闲置的农田、洼地或水塘加以改造而成,但相对占地面积较大、超负荷运转易造成堵塞。该模式投资少、运作费用低,具有良好的环境生态效益,可以较大限度削减受纳水体的污染物负荷,在足够土地可供利用的条件下颇为经济,比较适用于小型养殖场的废水处理。但占地面积大,处理效果受季节、温度变化的影响,同时存在容易出现堵塞、导致地下水污染的问题。

(3)工业化处理模式。生态还田、自然处理主要依靠自然生态循环来处理猪场养殖废水,且所需的土地面积比较大,而面对日益紧张的土地资源,工业化处理模式受到更多的关注。工业化处理模式是一种基于物理、化学和生物法建立的猪场废水处理模式,该模式的粪污处理系统主要由预处理、厌氧处理、好氧处理、后处理、污泥处理及沼气净化、储存与利用等部分组成,投资及运行费用高。这种模式只适用于地处城市近郊,土地资源紧张,没有足够的农田消纳猪场粪污的地区。采用这种模式的猪场规模较大,主要使用水冲清粪,冲洗水量大,5万头猪场排放的粪尿污水处理量一般在500米^3/天以上的规模。工业化处理模式工艺流程如图39所示。

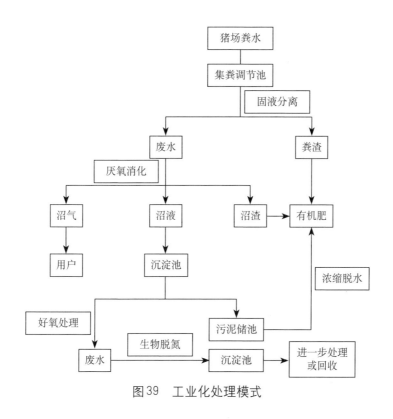

图39 工业化处理模式

工业化处理模式具有占地面积小、效率高、适应性广等优点，存在的问题是投资较大、能耗高、维护管理量大，以及对废水中氮、磷等资源回收利用的研究尚不够深入。因此，应优化工艺运行参数，解决运行障碍，实现设备自动化控制；同时也应结合循环经济理念，深入研究废水中氮、磷资源化回收利用。

（4）预处理技术。猪场养殖废水无论采取何种工艺及措施来进行处理，都应该先采取一定的预处理。废水的预处理主要是为了改善废水水质，去除粪渣、悬浮物和可直接沉降的杂质，防止大的固体或杂物进入后续处理环节，造成处理设备的堵塞或损害，利用固液分离器分离难降解的物体，调节废水水质及水量等，确保整个处理系统的稳定运行和达标排放，同时也涉及运行成本的高低，废水进行预处理后可大大改善废水水质，有利于废水进行进一步处理，最终达到去除污染物目的。针对粪污中的大颗粒成分，猪场可采用沉淀、过滤及离心等固液分离技术来实现预处理，常见的有格栅、沉淀池、筛网、固液分离器、调节酸化池等。沉淀是废水处理中应用最广的预处理方法之一，是使悬浮物在重力作用下自然沉降，并且与水分离的处理工艺。目前，在有废水处理设施的规模猪场基本都将串联2～3个沉淀池，通过过滤、沉淀及氧化分解对粪污进行处理。此外，还有一些机械过滤设备包括自动转鼓过滤机、离心盘式分离机都可用于猪场粪污的预处理中。

（5）厌氧处理技术。厌氧处理实质上是指厌氧甲烷化，是指在无氧条件下，借助厌氧微生物的新陈代谢分解废水中的有机污染物并将其转化为沼气（甲烷和二氧化碳）的过程。厌氧处理技术主要是以提高污泥浓度和改善废水与污泥混合效果为基础的一系列高负荷反应器的发展来处理废水。厌氧处理技术经历了一个漫长的过程，在最初的化粪池、厌氧接触法的基础上发展了上流式厌氧污泥床、厌氧生物滤池、厌氧序批式反应器、两相厌氧消化法、内循环反应器、厌氧折流板反应器等工艺。经过数十年的研究与应用，厌氧技术已经比较成熟地应用到猪场粪便废水生产沼气的工艺中，常用的反应器有上流式厌氧污泥床、持续搅拌厌氧反应器和厌氧折流板反应器等，目前国内猪场废水处理主要采用的是上流式厌氧污泥床（图40）。经厌氧处理后的污水，若在有可供利用土地的条件下能够作为液态有机肥还田，但是往往排放量比较大，运输、施用都不太方便，一般情况下须经多级好氧处理后才能达标排放。厌氧处理的特点是占地面积小，可处理高浓度有机质废水，自身耗能少，运行费用低，而且产生能源，处理过程并不需要氧，具有较高的有机物负荷潜力，能降解一些好氧微生物所不能降解的部分。但厌氧处理后废水中的污染物浓度仍然很高，特别是氨氮的去除效果不明显，难以达到现行的排放标准。因此厌氧处理后废水还需要进一步的处理。

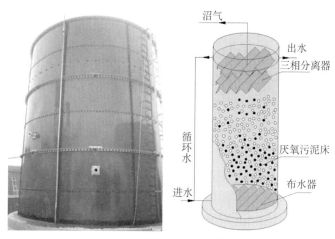

图40 上流式厌氧污泥床

(6) 好氧处理技术。利用好氧微生物来处理猪场废水的一种工艺，主要包括氧化沟法、活性污泥法、生物滤池等工艺，能有效地降低猪场废水中的化学需氧量，除去氮、磷。其中，序批式活性污泥法被广泛地应用于规模化猪场废水的处理，相比活性污泥法，序批式活性污泥法增加了闲置缺氧和沉淀工艺，从而强化了反硝化能力，对废水中的氨氮有很好的去除效果。由于猪场废水中有机物浓度很高，直接采用好氧工艺处理，往往需要对废水进行稀释，如果不进行稀释，则需要10～20天的水力停留时间，这表明好氧处理工艺直接处理高浓度有机废水，需要很大的反应器且耗能大、运行费用高等。随着脱氮理论的发展，一些新的脱氮工艺，如亚硝酸盐硝化/反硝化、好氧反硝化和厌氧氨氧化等生物脱氮工艺将会引入到猪场废水处理中去，使其朝着高效、低耗的方向发展。

(7) 厌氧－好氧组合处理技术。厌氧处理技术和好氧处理技术各有利弊，因此在实际应用中，常把二者工艺结合使用，以好氧处理技术作为厌氧处理的后处理，进一步降解废水中的悬浮物质、化学需氧量、氨氮等污染物。对于高浓度的猪场有机废水，大部分有机物已在厌氧阶段去除，好氧部分的规模和运行费用就大大减少，因此整个厌氧－好氧系统的投资和运行成本大大降低。近年来，我国越来越多的规模化养猪场采用高效厌氧反应器作为厌氧处理单元，化学需氧量去除率可达70%～80%，并采用序批式活性污泥法或生物接触氧化法作为好氧处理单元，去除废水中的氨氮，氨氮总去除率可达70%～95%，最后采用氧化塘作为最终出水修饰单元。总之，厌氧－好氧组合处理技术就是以厌氧处理、好氧处理及自然处理系统设计出的由以上三种或以它们为主体并结合其他处理方法进行优化组合，针对性地处理猪场养殖废水，使处理后的废水能达到国家排放标准。

目前，生态还田、自然处理以及工业化处理仍是我国规模化猪场养殖废水处理的主要处理模式，各规模化猪场应根据自己的实际情况，因地制宜地采取合适的处理模式和处理技术方法，实现废水的资源化利用。

2.粪便处理

在猪场粪便处理技术中，猪舍清粪方式的选择对保持猪舍清洁舒适，为生猪生长提供良好的环境，并为后续粪污转化利用提供适宜的原材料，尤为重要。目前国内的清粪工艺主要有水冲式清粪、水泡粪清粪、干清粪（人工清粪和机械清除）。出于环保和有机肥应用等原因，干清粪工艺逐渐被推广起来。

（1）水冲式清粪。用水冲的方式将栏舍内的粪污清洗、冲走，最后汇集到大的储粪池，每天至少1次。该处理方式的优点是设备简单，投资较少，劳动强度小、效率高，清理粪污比较及时，易于保持栏舍清洁卫生，有利于猪场健康。缺点是耗水量极大，一个万头养猪场每天需消耗200～250米^{3}水用来冲洗猪舍的粪便，产生的污水量也大；粪污固液分离后，污水中的污染物浓度仍然很高，难以处理；猪舍湿度大，猪的四肢疾病发病率有所升高。对于我国大部分缺水和严重缺水的地区如中西部和北方地区养猪很不适合，从排污管理角度考虑也很不适用。

（2）水泡粪清粪。在水冲式清粪工艺的基础上改造而来的，是在漏缝地板下设一个粪沟，粪沟底部做成一定的坡度。猪的粪尿和冲洗猪舍的污水一并排放到缝隙地板下的沟渠中，待沟内积存的粪液装满（夏天1～2个月，冬天2～3个月）后，打开出口的闸门，将沟中粪水排出，粪水顺粪沟流入粪便主干沟，进入地下储粪池或用泵抽吸到地面储粪池。该处理方式的优点是可提高劳动效率，降低劳动强度，减少人工使用；比水冲粪工艺节省用水，不受气候变化影响。缺点是粪便长时间在猪舍中停留，产生大量的有害气体，如硫化氢、甲烷等，恶化舍内空气环境，危及动物和饲养人员的健康；粪水混合物的有机污染物浓度高，后续处理困难；大量粪水需要处理和要有较多的农田消纳。

（3）干清粪。将粪和水、尿分离并分别清除，可分为人工清粪和机械清除。

人工清粪是人利用铁锹和扫把等清扫工具将畜舍内的粪便清扫收集到粪车内，再由机动车或人力车运到集粪场、沼气池。该处理方式的优点是只需一些清扫工具、人工清粪车等，设备简单，无能耗，一次性投资少，还可以做到粪尿分离，便于后续的粪尿处理。其缺点是劳动量大，生产率低。人工清粪方式虽可在我国的大部分养猪场广泛采用，国家也提倡，但是建猪场时需要认真充分考虑。

机械清粪是采用专用的机械设备，如链式刮板清粪机和往复式刮板清粪机等机械来清粪。该处理方式的优点是节省劳动力，劳动效率高。其缺点是一次性投资大，运行维护费用较高，清粪机工作噪声较大，不利于猪的生长；机械后续费用高，工作噪声大，对畜禽生长不利。

干清粪的优点是得到的猪粪水分少，营养成分损失少，肥料价值高，便于其他形式的处理，降低了尿液处理的成本；及时、有效地清除畜舍内的粪便、尿液，保持畜舍环境卫生。规模猪场应当根据猪场猪舍类型采用干清粪、水泡粪相结合的方式，例如妊娠舍、育肥舍干清粪工艺，哺乳舍、仔猪保育舍水泡粪形式，既节约用水，又减少粪污的排放和处理费用。

（4）发酵床方式。发酵床技术又称生态环保养猪法，是将有机垫料（如切短的秸秆、木屑等）和特定的多种发酵菌混合搅拌，建成一个发酵床铺于地面，猪排泄出来的粪便被垫料掩埋，水分被发酵过程中产生的热所蒸发。猪粪尿在该发酵床上经发酵菌自然分解，无臭味，以后不断加填料，1～2年清理1次。

该处理方式的优点是粪污的污染程度大大降低，没有大量污水，没有排泄物排出，基本实现了污染物零排放；节省了劳动力，不需要对猪粪进行清扫；填料发酵，产生热量，地面温软，保护猪蹄，减少猪舍加温能耗。缺点是发酵菌易受消毒药和抗生素等药物的影响，给猪场猪病的防控增大了难度；前期的建设成本稍高，猪舍占地面积稍大；发酵床技术要求高、难度大，受气候影响大，推广范围较小，更适合中小型猪场采用。

3.臭气处理

猪场臭气主要是粪尿、废饲料等的厌氧分解产生的一些有毒或有气味的混合气体，主要成分包括氨气、硫化氢、甲烷和粪臭素等。它由猪舍经风机排出，或是由舍外的粪水出口、粪坑以及堆肥场等地直接散发至猪场附近居民区的上空，使之在空气中的数量增多，不利于人畜的健康，并影响猪的生产性能。目前常见的除臭技术主要有以下几种。

（1）科学设计饲料，提高饲料利用率。科学设计饲料配方组成，提高饲料消化率可有效地减少畜禽排粪量。如在猪的配合饲料成分中，减少纤维原料的使用，可提高饲料消化率，减少排粪量；在饲料中添加纤维分解酶和蛋白酶等消化酶，可提高饲料消化率，减少排粪量；使用液态饲料喂生长猪、育成猪，饲料的适口性好，消化利用率高，粪便量随之相应减少。

合理使用饲料添加剂，还可减少畜禽粪便中氮和臭气的排出。如使用氨基酸平衡饲料，可提高氮的利用率；添加纤维素或寡糖，也可降低氨气的排放；添加酶制剂、木聚糖酶，可提高氮的消化率；添加酸制剂，可提高仔猪对营养物质的消化作用，减少腹泻率及腹泻带来的恶臭；减少饲料中的硫元素含量，可以减少粪污中含硫气体的浓度；此外，在饲料中添加丝兰提取物、沸石等都可不同程度地降低猪粪便的臭气，提高饲料转化率。

（2）使用除臭剂。目前畜禽粪便的除臭主要是使用物理降臭、化学除臭和生物技术除臭，这些技术均可达到一定的除臭效果。

物理除臭剂主要包括一些吸附剂和酸制剂。常用的吸附剂有活性炭、泥炭、锯木屑、麸皮和米糠等，这些物质与粪便混合，通过对臭气物质的分子进行吸附而达到除臭的目的。酸制剂主要是通过改变粪便的酸碱度达到抑制微生物的活力或中和一些臭气物质来达到除臭目的，常用的有硫酸亚铁、硝酸等。

化学除臭主要是应用一些具有强氧化作用的氧化剂或添加灭菌剂，使部分臭气成分氧化为少臭、无臭物质或减少粪便堆制过程中的发酵，常用的有高锰酸钾、过氧化氢等。

生物除臭剂主要指活菌（包括酵母菌、放线菌、硝化菌、硫细菌等）制剂，其原理是通过接种微生物，利用微生物或微生物产生的酶降解产臭气化合物。

（3）其他处理技术。地板通风粪污的处理，给猪舍安装地板通风装置，可以收集舍内大部分的氨气、硫化氢等气体，大大改善猪舍的工作环境，减少与空气过滤、净化有关的费用。需要注意的是，一定的空气流量通过漏缝地板对于提高地板的通风效率是至关重要的；将抽气装置安装在猪只躺卧的区域下面，而非堆粪区，这也可以大大提高地板通风装置的通风效率。

使用空气过滤与净化装置，如生物过滤池、生物净化器等，通过用最少的能源成本，即最大限度地减少污染物，达到减少猪舍氨气等臭气排放的目的。

另外，在猪场合理植树绿化，栽种桉树、板栗、桃树、李树等绿化带可以净化场区空气。

4.动物尸体处理

动物尸体处理方法种类虽然很多，但并不意味可以不加选择地采用任意处理方式。不当的动物尸体处理方法会导致无法控制疫病的传播或造成资源浪费，无法实现变废为宝，无法产生循环效益。目前，动物尸体处理适用性比较强的方法主要有填埋、焚烧、化制及其他物理、化学处理方法。

（1）填埋法。处理畜禽病害肉尸的一种常用、简单易行的方法，但不适于患有炭疽等芽孢杆菌类疫病、牛海绵状脑病、痒病的染疫动物及产品、组织的处理。填埋点应在感染的饲养场内或附近，远离居民区、水源、泄洪区和交通要道，不得用于农业生产，并应避开公众视野，且清楚标示。坑的覆盖土层厚度应不小1.5米，坑底铺垫生石灰。坑的位置和类型应有利于防洪和避免动物扒刨。填土不要太实，以免尸腐产气造成气泡冒出和液体渗漏。填埋完成后，还需对填埋区域进行一定时间的管理，包括灭鼠等工作，防止蛇、鼠等动物进入填埋体，与危险废弃物接触，将细菌、病毒带出填埋区。填埋法是通过土壤中微生物的酶系活动分解动物尸体，分解周期长，固体成分减少率低，无法实现减量化。填埋法成本低，运行维护费用低。缺点是占地面积大，选址困难。此外，病害动物产品及动物尸体稳定化时间长，再次导致疫情隐患增大。

（2）焚烧法。一种高温热处理技术，动物尸体在高温下氧化、热解被破坏，病菌和病毒完全被杀灭，是一种可同时实现无害化、减量化和资源化的处理技术。焚烧处理动物尸体是目前世界上应用最成熟的一种热处理技术，焚烧可采用方法有堆柴焚烧、焚烧炉和焚烧坑等。此类方法具有成本低，运行方便，处理效率高，减量化明显的优点。缺点是新型的移动式焚烧炉和固定式焚烧设备价格高，且运行维护费用比填埋法高，产生的烟尘、二噁英等对大气产生污染。适用于连续操作，抗冲击负荷弱。处理后废渣需外运填埋，经二次处置。

（3）化制法。通过高温高压蒸汽对动物尸体进行处理，达到彻底杀死病菌的效果，根据化制工艺的不同，分为湿化法和干化法。湿化法是采用蒸汽高温高压消除有害病菌的一种方法。干化法是将病害动物尸体放入化制机内受干热与压力的作用而达到化制的目的。化制法一般为固定式，采用工厂化处理。化制法处理周期短，批次处理量大，减量化可达到80%。处理后安全排放，对环境无污染，但化制机成本较高，运行维护费用较填埋法和生物降解法高。

（4）生物降解法。将动物尸体抛入专门的动物尸体发酵池内，利用微生物分解转化有机物质的能力，通过细菌或其他微生物的酶系活动分解动物尸体组织，达到无害化处理的目的，并可产生有机肥料循环利用。该法主要使用化尸池分解动物尸体，成本低，运行维护费用低，减量化程度高。生物降解法需要远离住宅、动物饲养场、草原、水源及交通要道，占地面积大。生物降解法用于处理自然死亡或者一般病死动物，可形成有机肥，实现循环经济效益。对感染重大疫病动物，生物降解法无法保证灭活病原微生物，在处理此类病死动物时存在极大的风险。生物降解法处理量受到面积影响，处理周期较长，处理量有局限。

（五）猪场环境监测与保护

猪场的环境监测和保护是集约化猪场生物安全体系的重要内容之一，对于养猪生产具有举足轻重的意义，其主要目的有两个方面：一是为了避免外源微生物侵入猪群，维持猪群良好的健康水平；二是控制猪场已有的疾病防止扩散，尽可能降低发病率，减少药物和其他保健药品的使用，从而极大地提高养猪效益和猪肉质量。

1.环境监测

（1）场区环境卫生监测。①定期检测场区空气中的细菌数目。②定期对猪场使用水源进行水质检测，检测是否符合饮用标准。③定期检测猪场排放的粪污污染物的排放总量及各种污染物的浓度。

（2）猪舍内环境卫生监测。①猪舍内部配备湿帘、风机、暖气等保暖与降温以及通风设备，保证适宜的温湿度，定期检测猪舍内氨气、二氧化碳、硫化氢、甲烷浓度。②定期检测猪舍内的细菌数目，包括猪舍空气、地面、猪体表面、饮水器和食槽等设备表面的细菌数目。③猪体卫生监测，一般采取定期、不定期抽样采血，送实验室检测。④合理控制猪群密度，保证猪只正常活动面积，为猪群生长提供舒适的环境。

我国大部分中小猪场及养殖户仍维持原有的分栏养殖，传统的猪舍环境监控仍是人工的，完全依靠饲养员对猪舍内的环境进行全人工的监控，根据环境情况主动调节各种饲养设备，缺乏很好的监测系统来对猪舍环境进行监控。随着自动控制技术和信息传输技术的发展，多种新型饲养方式正蓬勃发展，如基于单片机技术的自动化监测喂养系统、基于物联网的监测系统、基于自适应模糊神经网络的猪舍环境预警系统等已为猪舍环境监测以及自动控制系统提供了新的技术手段。

2.环境保护

（1）猪场选址与布局。科学地选择猪场场址与场内猪舍合理布局是能否安全运行疫病防控体系的先决条件。科学选择猪场场址，尽可能地远离传染源，尽量远离村镇、居民区，水电、饲料供应便利，猪场外围设防疫水沟和防护林带。场内设计应严格执行生产区、生活区、行政区相互隔离的原则，净、污道分开，生产区内人员、物资、猪群、饲料固定流向与路径。主要采用污染物减量化、无害化、资源化处理的生产工艺和设备，实现生态型生产。

（2）开发使用环保型日粮。科学设计饲料配方组成，合理使用饲料添加剂，如酶制剂等，提高饲料消化率及对饲料蛋白质的利用率，可有效地减少畜禽排粪量及氮的排放量，减少粪污和氮、磷对环境的污染。

（3）保护水源。主要是防止水源不被污染。要采取严管措施，在水井周围30米范围内不得有厕所、粪池、垃圾堆等污染源；水井与畜舍的距离应保持在30米以上。水井周围5米范围内为卫生防护区，禁止倾倒污染物、脏物，禁止生猪接近。地面距水点100米范围内不得有污染源，在取水点上游1 000米、下游100米水域内不得有污水排放口等。

（4）消毒。①进场消毒。设消毒池，一般用2%氢氧化钠溶液，消毒对象主要是车辆的轮胎。进入场区要消毒，建消毒房，设紫外线灯管，进场人员必须在消毒池中换鞋、更衣，紫外线灯照射15分钟，在消毒盆内用消毒液洗手，再从盛有5%氢氧化钠溶液的消毒池中越过进入。②猪舍消毒。实行全进全出的消毒方法，每批猪转出后至下批猪转入该舍前，猪舍内全部清理干净，用2%氢氧化钠溶液或生石灰消毒，

5天后方可转进下批猪。③场区消毒。整个场区每隔半个月要用2%～3%氢氧化钠溶液或生石灰消毒1次；各栋舍走道每5～7天用2%～3%氢氧化钠溶液喷洒消毒2次。④猪体消毒。用0.1%新洁尔灭，或2%～3%来苏儿，或0.5%过氧乙酸等进行喷雾消毒。

（5）合理处理粪污等污染物。根据本地自然条件，采用经济、高效的粪污处理模式及技术，达到猪场污染物的减量化、无害化和资源化。

（6）病死猪的无害化处理。主要采取化制、焚烧等方法处理病死猪。

（7）植树绿化，改善猪场环境。在猪场四周和主要道路两侧种植速生林，猪舍周围前后种植花草树木，猪场的绿化可以优化猪场本身的生态环境。搞好猪场的绿化，不仅可以调节小气候、减弱噪声、美化环境、改善自然面貌，而且可以减少污染，净化空气，在一定的程度上能够起到保护环境的作用。

四、日粮配制

（一）饲料安全控制技术

饲料安全指饲料产品（包括饲料和饲料添加剂）在加工、运输及饲养动物转化为养殖动物源产品的过程中，不会对饲养动物的健康造成实际危害，而且不含在养殖产品中残留、蓄积和转移的有毒有害物质或因素，也不会通过动物采食转移至食品中，危害人体健康或对人类的生存环境产生负面影响。可见，饲料安全关系到食品安全、环境保护和国际贸易等方面，饲料安全问题已成为当前社会关注的热点之一。

1.影响饲料安全的因素

（1）饲料原料中天然有毒有害物质的危害。当土壤被铅、砷、汞、镉等重金属污染时，饲料中这些重金属的含量也随之增加，猪采食后会引起慢性中毒，并通过食物链对人产生毒性或致癌作用。一些饲料（如棉籽粕、菜籽粕、豆饼等）本身固有的有毒有害物质或抗营养因子，如棉酚、硫代葡萄糖苷、植酸、单宁、芥子碱等，在使用时要注意合理添加。配合饲料中棉酚含量要低于20毫克/千克。

（2）环境污染物对饲料原料的污染。有毒有害化学物质除通过空气、饮水等进入动物体与人体外，还可通过饲料和食品危害动物及人体健康。二噁英常以微小的颗粒存在于大气、土壤和水中，主要来源于废弃物的焚烧和化工生产过程以及制浆造纸等生产过程。二噁英易溶于脂肪，因此，饲用油脂易受其污染，对于饲料行业应注意防止二噁英污染饲料，定期进行卫生监测，防止其通过食物链危害人类健康。另外，要注意农药对饲料的污染与残留问题，饲料原料在种植过程中如果长期使用有机磷农药、有机氯农药和有机氟农药，当超过允许残留量后，猪食入后可引起中毒。

（3）在饲料中非法使用违禁药品。2002年2月，农业部发布了《禁止在饲料和动物饮用水中使用的药物品种目录》，包括：①肾上腺素受体激动剂，如盐酸克仑特罗（俗称"瘦肉精"）、莱克多巴胺、沙丁胺醇、西马特罗等。②性激素，如乙烯雌酚、雌二醇、孕酮、甲孕酮等。③蛋白同化激素，如碘化酪蛋白。④精神药品，如盐酸氯丙嗪、地西泮（安定）、苯巴比妥、利血平、安眠酮等。⑤抗菌素类，如氯霉素、氨苯砜、呋喃唑酮、甲硝唑等。⑥各种抗生素滤渣。这些都是国家明令禁止的违禁药品，但是仍有一些养殖场（户）铤而走险。值得注意的是，人食用了残留有"瘦肉精"的动物产品后，会出现心慌、心悸、颤抖等中毒症状。非法滥用这些药物不仅影响畜牧业的安全生产，还会造成畜产品药物残留，甚至引起畜禽和人的耐药性，严重影响人体健康。

（4）不按规定使用添加剂。2001年9月，农业部发布了《饲料药物添加剂使用规范》，规定了57种饲料药物添加剂的有效成分、含量规格、适用动物、作用与用途、用法用量、休药期、注意事项等。2008年，农业部发布了《饲料添加剂品种目录（2008）》，随后2013年在此基础上修订发布了《饲料添加剂品种目录（2013）》，明确规定了可以使用的饲料添加剂种类、适用对象和生产许可管理等具体要求。此外，农业部发布了《动物性食品中兽药最高残留限量》，明确规定了动物性食品、饲料及饮水中多种兽药的最大残留限量和禁用要求，其中 β-受体激动剂、人工合成激素、硝基呋喃类和硝基咪唑类抗生素等药物在动物源性食品中不得检出。

但是，一些养殖企业或养殖户不严格执行该规定，往往超量添加或不按允许使用的范围使用兽药，擅自增大使用剂量、延长使用时间，不按规定的停药期和配伍禁忌使用药物添加剂，导致该类药物的残留超标，进而严重威胁食品安全和人体健康。

（5）过量添加微量元素导致的重金属元素污染。高铜致黑粪不等于好饲料。由于受到商家误导，养殖户认为猪采食饲料排出黑粪才是好饲料，铜添加越高猪粪越黑，饲料的消化率越高。其实猪粪的颜色与饲料消化率无关，与摄入饲料的成分和猪的生理状态有关。高铜致黑粪是饲料中的铜与消化道内容物中的酚类物质发生氧化还原反应产生黑色的硫化铜和氧化铜所致。

过去在断奶后前2周的仔猪日粮中添加2000～3 000毫克/千克的氧化锌，可促进仔猪生长和降低腹泻率。考虑到氧化锌造成的环保问题和可能产生耐药性等负面影响，2017年11月7日农业部征求意见稿调整氧化锌上限，即仔猪断奶后前2周氧化锌形式的锌的添加量不超过1 600毫克/千克。

有机砷制剂主要有氨苯砷酸和3-硝基-4羟基苯砷酸（洛克沙砷），可提高猪的增重及饲料利用率，对治疗和防治猪的腹泻有疗效。砷制剂能够舒张毛细血管、增加毛细血管的通透性，猪只采食后就表现为皮肤发红，因而比较受养猪户的喜爱。然而，由于动物对有机砷的吸收率很低，绝大部分的有机砷通过粪便排出，长期使用或过量添加可能会引起动物中毒，还会对环境中土壤和水质等造成砷污染。农业部于2001年发布的《饲料药物添加剂使用规范》规定，饲料中每1 000克氨苯砷酸预混料含氨苯砷酸100克，每1 000克洛克沙砷预混剂含洛克沙砷50克或100克，休药期5天。我国《无公害食品　生猪饲养饲料使用准则》明确规定无公害生猪饲料中不应添加氨苯砷酸、洛克沙砷等砷制剂类药物饲料添加剂。

（6）饲料霉变。饲料发生霉变主要是由于饲料及其原料在运输、储存、加工及销售过程中，保管不善或储存时间过长等因素引起霉菌（大部分为曲霉菌属、青霉菌属和镰刀菌属）的生长繁殖，并产生霉菌毒素等有毒代谢产物的过程。主要的霉菌毒素有黄曲霉毒素、玉米赤霉烯酮、呕吐毒素、烟曲霉毒素、赭曲毒素A、单端孢霉烯族毒素、麦角生物碱。目前，饲料及原料受霉菌毒素的污染非常严重，而且多种霉菌毒素共存现象很普遍。霉菌污染会降低饲料的营养价值，还会引起饲料变色、变味、结块，导致适口性不好。霉菌毒素通过饲料或食品进入人和动物体内，引起人和动物的急性或慢性毒性，危害机体健康（图41）。猪饲料中霉菌毒素的最大允许量见表14。

图41 饲料霉变对猪的危害

表14 猪饲料中霉菌毒素的最大允许量

猪 群	霉菌毒素（克/千克）					
	黄曲霉毒素	玉米赤霉烯酮	T-2毒素	赭曲霉毒素	烟曲霉毒素	呕吐毒素
小猪（<30千克）	20	<100	100	<100	<200	<300
生长猪（30～60千克）	50	<150	100～200	150	<300	<300
育肥猪（>60千克）	100	<200	<300	<200	<400	<300
后备母猪	100	<100	<200	<100	<200	<300
母猪	100	<100	<200	<100	<200	<300

（7）饲料被病原微生物污染。饲料微生物污染指饲料中的细菌（沙门氏菌、大肠杆菌、肉毒梭菌、葡萄球菌、魏氏梭菌等）、霉菌、病毒等微生物引起的污染。例如鱼粉、肉粉、骨粉、蚕蛹及各种下脚料容易发生沙门氏菌、大肠杆菌、肉毒梭菌、葡萄球菌、魏氏梭菌等污染，猪只采食后引起感染性疾病、腹泻或中毒症状。

2.控制饲料安全的措施

（1）饲料原料本身有毒有害物质的控制。饲料要品质优良、搭配合理、营养全面、无污染、无霉变。饲料原料要固定供应渠道，应使用绿色植物产品及其副产品。玉米、豆粕等原料中如果含有霉菌毒素和农药残留坚决不用。

（2）饲料原料在储存、加工和运输过程中霉变和污染的控制。饲料原料在储存过程中要做好原料标签，正确堆放，储存地方要求干燥、阴凉、通风（图42）。做好防霉工作，加强对饲料中霉菌及毒素污染的监测，对霉菌毒素污染严重的饲料坚决废弃。储存过程中要勤打扫、勤翻料，注意防火、防水、防潮、防鼠害、防虫害和防鸟害。一般颗粒状配合饲料储藏期为1～3个月，粉状配合饲料不超过10天，粉状浓缩料为3～4周，添加剂预混料为3～6个月，坚持采取"先进先出，推陈储新"的原则。

饲料加工过程包括粉碎、配料和混合。粉碎工艺要注意混入金属、石头、塑料、玻璃等杂质的物理危害，必须进行清杂、去铁处理。配料时要按配方准确称量，尤其是对饲料安全有直接影响的微量组分、药物添加剂。混合工序是饲料加工环节的核心，要确保投料正确、没有交叉污染、混合均匀（图43）。

图42　专用饲料仓

图43　饲料加工

饲料运输要清洁运输工具，最好安排专用运输车辆，直接将饲料运送到养殖户手中，减少中间环节（图44）。饲料包装要足够的防潮、无破漏、有韧性。

图44　专用饲料运输车

（3）饲料添加剂和药物合理使用控制。严格按照国家允许的饲料添加剂品种目录使用饲料添加剂，不得使用国家禁止使用的药物及化合物，注意配伍禁忌，严格执行停药期。根据猪生长时期和生理阶段的营养需求不同，科学地投饲全价配合日粮，并根据猪只的体重、采食情况等适时调整日粮配方。

（4）减少或停止使用抗生素，研发和推广抗生素替代品。开发饲用抗生素替代品和技术，推广使用绿色安全的饲料添加剂。抗生素替代原料的选择是开发"无抗饲料"的关键。目前市场上的饲用抗生素替代品包括微生态制剂、酶制剂、低聚糖类、酸化剂、中草药类、抗菌肽、植物提取物等，已逐渐得到饲料业和养殖业的认可和应用。

（5）规范法律法规和规章制度，加强饲料品质监督和检测。进一步健全相关法律法规，完善饲料品控和检测体系，开展抽样监督检测，对畜产品质量进行检测，严禁不合格的畜产品进入流通市场，对违法者要严厉处罚。此外，兽药和饲料生产者、经销商和养殖户也要提高社会责任感和使命感，充分认识到饲料安全和畜产品安全的重要性。

（二）生态型安全高效日粮的配制与使用

1.全价配合饲料配制技术

全价配合饲料又称为全价料，是指营养成分完全、能直接用于饲喂饲养对象、能够全面满足饲喂动物各种营养需要的配合饲料。全价料可直接饲用，使用方便，但成本较高。

（1）配制原则。①饲养标准原则。设计饲料配方时，以猪饲养标准提供的不同品种、不同阶段猪群的营养需要为参数，结合猪的消化生理特点，选择相应的饲料原料，还要注意营养成分的全面、均衡，注意能量与蛋白质比例、氨基酸平衡和矿物质平衡等问题，从而制订合理、科学、实用、低成本的饲料配方。目前主要参考美国NRC 2012版和中国2004版猪饲养标准。②就地取材原则。设计饲料配方应该就地取材，尽量选择当地资源充足、价格低廉而且营养丰富的原料，同时要讲究配方的合理性，综合考虑猪的生长速度和经济效益来合理利用当地资源。③饲料安全卫生原则。饲料质量的好坏是影响猪群健康、环境效益及养猪经济效益的关键。饲料原料要符合饲料卫生标准，原料无农药或有毒有害物质污染，保证新鲜、不掺假，避免选择发霉、变质的饲料，还要使用质量稳定、可靠的预混料，坚决杜绝添加违禁药物，做到饲料生产安全，确保食品安全。④效益优先原则。饲料成本占养猪成本70%以上，因此原料选择对于控制养殖成本非常重要。饲料尽量多样化，可合理利用一些植物蛋白质饲料，如棉籽粕、菜籽粕、花生粕、花生饼、芝麻粕、芝麻饼、DDGS（干酒糟及其可溶物）等替代常规豆粕，可大大降低饲料成本，但要考虑原料的抗营养因子，注意添加量。

（2）配制方法。主要有手算法、配方软件计算法和Excel计算法。手算法又包括试差法、对角线法、代数法。

试差法：又称为凑数法，是目前较普遍采取的方法，具体做法是根据饲养标准的规定，结合经验初步拟出各种原料的大致比例，然后乘以各种原料对应的营养成分含量，再将各种原料的同种营养成分相加，得到该配方的每种营养成分的总量，然后与饲养标准对比，进一步调整相应原料的比例，重新计算，直到所有的营养成分都满足要求为止。

对角线法：又称为四角法。通常在饲料原料种类少、营养指标要求少的情况下，选用此法较为简便。

具体做法是先查饲养标准和原料营养成分表，然后画对角线，把某营养指标（如粗蛋白质18%）放中间，原料营养成分放左边（如玉米8.5%、豆粕43%），通过交叉相减得到差数（玉米25%、豆粕9.5%），然后分别除以这两差数的和（25%+9.5%），就得到两种饲料混合的百分比（玉米72.46%、豆粕27.54%）。

如图45所示，玉米用量比例为25%÷（25%+9.5%）×100%=72.46%，豆粕用量比例为9.5%÷（25%+9.5%）×100%=27.54%。配方粗蛋白质含量=玉米用量72.46%×8.5%+豆粕用量27.54%×43%=18%。

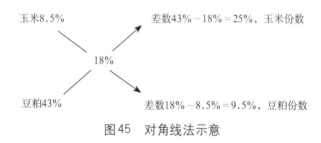

图45　对角线法示意

代数法：又称为联立方程式法，是利用数学上的联立方程求解法来计算饲料配方。具有条例清晰、方法简单等优点，但当饲料种类较多时，计算较复杂。比如要用玉米、豆粕配制一个100千克的粗蛋白质含量为18%的日粮，设玉米为X千克，豆粕为Y千克，玉米的粗蛋白质含量为8.5%，豆粕为43%，那么建立方程如下：$X+Y=100$，$0.085X+0.43Y=18$。解方程组求得$X=72.46$，$Y=27.54$，即需要玉米72.46千克，豆粕要27.54千克。

配方软件计算法：当设计的原料种类和营养指标较多时，手工计算显得很烦琐，必须借助计算机软件来完成。国内外目前有许多饲料配方软件系统，国外的主要有英国的Format软件，美国的Brill软件和Mixit软件等，国内的主要有资源配方师软件-Refs系列配方软件、CMIX配方软件、三新智能配方系统和SF-450等。很多饲料公司也有自己开发的饲料配方软件，可根据自己的需求选择合适的配方软件。

Excel计算法：尽管许多专业饲料配方软件已被开发利用，但用户必须购买后才能使用，相对而言，可考虑Excel软件计算法，将配方设计成本降低。

2.浓缩饲料配制技术

浓缩饲料又称为蛋白质补充饲料，是由蛋白质饲料、矿物质饲料及添加剂预混料配制而成的配合饲料半成品。一般在全价配合饲料中所占的比例为20%～40%。浓缩饲料是半成品，不能直接喂猪，需要与一定比例的能量饲料（60%～80%）按比例混合均匀后使用。浓缩饲料比较适合小型农场与农户养猪，技术简单，对设备要求不高，质量容易控制。浓缩饲料配方设计可以由全价饲料配方计算，也可以由设定的能量饲料与浓缩饲料搭配比例直接计算。

3.添加剂预混料的选用

添加剂预混料简称预混料，是将一种或多种微量组分（包括各种微量矿物元素、维生素、氨基酸、某些药物等添加剂）与稀释剂或载体按要求配比，搅拌均匀的混合物。猪用复合预混料比较常见的添加量是4%和2%，市场上维生素预混料通常添加量为0.02%，微量元素预混料则为0.2%。通常不提倡养猪场自行配制预混料，而建议直接选购品牌、质量、信誉、服务有保障的预混料。

4.饲料原料的选用

（1）能量饲料原料。猪常用的能量饲料原料有玉米、小麦、麸皮、米糠、油脂、乳清粉、葡萄糖、蔗糖等。其中玉米产量高、能值高、适口性好，是首选的能量饲料。将玉米膨化处理后，其中淀粉等结构糊化变性，更能适合乳仔猪的消化性和适口性。

（2）蛋白质饲料原料。猪常用的蛋白质饲料原料有豆粕、鱼粉、棉粕、DDGS、饲料酵母、氨基酸等。在选择仔猪日粮蛋白质时，要考虑蛋白质的可消化性和氨基酸平衡问题。乳制品（如乳清粉、全脂奶粉和脱脂奶粉等）、鱼粉、喷雾干燥血浆蛋白粉和喷雾血粉是断奶仔猪常用的优质蛋白质原料，但价格较贵。大豆制品是猪日粮中最主要的蛋白质饲料，但含有一些抗营养因子，如胰蛋白酶抑制剂和大豆抗原蛋白等，容易引起仔猪腹泻。一些加工方法（如脱皮或膨化）可有效提高大豆制品的利用率，对预防仔猪腹泻具有重要意义。

（3）矿物质饲料原料。常用的矿物质饲料原料有石粉、磷酸氢钙、骨粉、食盐。微量元素原料主要是铁、铜、锰、锌等含结晶水的硫酸盐，碘主要是碘化钾、碘酸钙形式提供，硒主要为亚硒酸钠。

（4）维生素饲料原料。维生素分为脂溶性维生素和水溶性维生素两类，前者包括维生素A、维生素D、维生素E和维生素K，后者包括B族维生素和维生素C。

5.非营养性添加剂饲料

主要包括酶制剂、益生菌、益生元、抗氧化剂、调味剂、酸化剂、药物添加剂等。

常用的酶制剂有植酸酶、纤维素酶、非淀粉多糖酶（降解低聚木糖、葡聚糖、甘露聚糖等）。

市面上常用的益生菌包括芽孢杆菌、乳酸杆菌、酵母菌、屎肠球菌等，用于改善肠道微生态平衡，提高免疫力。

益生元主要指各种寡糖类物质或低聚糖，如甘露寡糖、果寡糖、低聚壳聚糖等，用于刺激有益菌群的生长。

抗氧化剂主要包括乙氧基喹啉、丁基羟基茴香醚、二丁基羟基甲苯、没食子酸丙酯。

酸化剂常用于仔猪日粮中，主要为有机酸（如柠檬酸、甲酸、延胡索酸等）和无机酸（如磷酸）。酸化剂还可以作为饲料防霉剂。

五、猪病防治

（一）猪病防治措施

1.坚持预防为主的方针

做好药物保健措施。针对不同的生长阶段，如后备猪、妊娠母猪、产前产后母猪、哺乳母猪、断奶保育猪、生长育肥猪、空怀断奶母猪、公猪等制订相适应的药物保健计划。如妊娠母猪一定时期（每2～3个月），哺乳母猪在产前、产后各1周，仔猪断奶后1周，饲料中添加保健药物等，能够有效预防疫病的发生。猪场应合理、规范地使用保健药品，按使用剂量、休药期规定规范使用，淘汰、禁用药品坚决不用。效果不确定的药物也不要使用，药物的使用应从治疗用药转向预防用药，树立保健观念。

2.正确诊断，对症下药

猪群发病时，应先确诊是什么病，再针对致病的原因确定用什么药物，选择正规、优质的兽药产品，严禁不经确诊就盲目投药（表15）。在给药前应先了解所选药物的成分，同时应注意药物成分的有效含量，避免治疗效果很差或发生中毒。注意抗生素不是万能的，不能包治百病。

表15　猪常见病及治疗药物

疾　病	致病菌	建议治疗药物
梭菌性肠炎	产气荚膜梭菌	氨苄西林、杆菌肽锌等
球虫病	猪等孢子球虫	托曲珠利、氨丙啉等
大肠杆菌病	大肠杆菌	庆大霉素、磺胺类、安普霉素等
结肠炎	多毛短螺旋体	泰妙菌素、林可霉素、沃尼妙林、泰乐菌素等
增生性肠炎	胞内劳森菌	泰妙菌素、林可霉素、沃尼妙林、泰乐菌素等
猪痢疾	痢疾螺旋体	泰妙菌素、林可霉素、沃尼妙林等
气喘病	肺炎支原体	四环素类、头孢噻呋、氟苯尼考、泰拉菌素、泰妙菌素、替米考星等
胸膜肺炎	胸膜肺炎放线杆菌	四环素类、头孢噻呋、氟苯尼考、泰拉菌素、泰妙菌素、替米考星等
萎缩性鼻炎	博代氏杆菌和多杀性巴氏杆菌毒性株	四环素类、磺胺类等
肺线虫病	猪肺虫属	芬苯达唑、伊维菌素等
放线杆菌败血症	猪放线杆菌	氨苄西林、头孢噻呋、复方磺胺类等
猪丹毒	丹毒丝菌	青霉素、普鲁卡因青霉素等
革拉瑟氏病	副嗜血杆菌	普鲁卡因青霉素、头孢噻呋、复方磺胺类等

（续）

疾　病	致病菌	建议治疗药物
支原体败血症	猪鼻支原体	林可霉素、泰乐菌素、泰妙菌素等
沙门氏菌病	霍乱沙门氏菌	头孢噻呋、氨苄西林等
水肿病	大肠杆菌	庆大霉素、安普霉素等

3.确定最佳用药剂量和疗程

要根据疾病的类型以及药物的性质和猪群的具体情况来确定用药疗程，一般连续用药3～5天，症状消失后再用1～2天，切忌停药过早而导致疾病复发。给药次数决定于病情，一般每天2～3次。重复用药不见效时，应改变治疗方案或更换药物。给药间隔时间取决于药物消除速度，如健胃药宜在饲喂前给药、有刺激性的药物宜在饲喂后给药。

兽医技术人员在临床实践中要真实、详细、及时地记录药物使用情况，以便观察药效、积累经验、总结推广。

4.实施正确的给药途径

有些药物由于选择性低、作用范围广泛，当某一作用被作为用药目的时，其他作用就成为副作用。当药物用量过大或用药时间过久或机体对某一药物特别敏感时，少数病猪在应用极小量的某种药物时，会出现皮疹、发热、血管神经性水肿、血管扩张、血压下降，甚至过敏性休克等过敏现象。

5.严格执行国家规定，不用违禁药，注意休药期

国家先后颁布了《中华人民共和国兽药规范》《兽药质量标准》和《兽药管理条例》等，规定了各种抗生素药物的休药期，目的是防止抗生素在动物体内残留，确保动物性食品的安全，以免影响公共卫生和人民的身体健康。

国家明令禁止使用的药品如盐酸克仑特罗、莱克多巴胺等杜绝在生产中使用，此外，还有氯霉素、呋喃唑酮等也禁止使用。2002年4月农业部公告第193号《食品动物禁用的兽药及其他化合物清单》禁用了21类药物。

养殖场要严格执行国家关于兽药和药物饲料添加剂使用休药期的规定：青霉素类药物为6～28天，氨基糖苷类药物为7～40天，四环素类药物为28天，氯霉素类药物为30天，大环丙酯类药物为7～14天，林可胺类药物为7～28天，喹诺酮类药物为10～25天，多肽类抗生素为7天，磺胺类药物为7～28天，抗寄生虫药物为14～28天。

（二）疫苗免疫

疫苗免疫是指通过接种一些灭活或弱毒的细菌或病毒来刺激机体产生抗体，从而激活免疫系统的一种特异性免疫方式。建立"预防为主、治疗为辅、防重

于治"的疫病防控原则是关键。那么，如何控制疫苗安全呢?

1.选择适合的疫苗

疫苗质量包括疫苗本身产品的质量，保存、运输及使用过程的质量。如果不进行正确的保存、运输、使用，可能导致免疫剂量的不足，从而使免疫失败。

猪场使用的预防用生物制品必须是正规生产厂家经有关部门批准生产的合格产品。出于防治特定的疫病需要，自行研制的本场（地）毒株疫苗，必须经过动物防疫监督机构严格检验和试验，确认安全后方可使用，并且除在本场使用外，不得进行非法出售或用于其他养殖场。

2.注意疫苗的保存与运输

（1）疫苗保存要用专用的冰箱（柜），不能与其他物品混放在一起。

（2）细菌性冻干活疫苗和病毒性冻干活疫苗应在—15℃以下保存。

（3）油佐剂疫苗、大多数细菌性灭活疫苗和病毒性灭活疫苗常在2～8℃保存，禁止冻结。

（4）蜂胶佐剂灭活疫苗应在2～8℃保存，不宜冻结，用前充分摇匀。

（5）疫苗的稀释液可以常温保存，但在炎热夏季应在2～8℃保存。

3.实行定期抗体监测，选择科学合理的免疫程序

制定适合的免疫方案和选择恰当的免疫时机是疫苗免疫保障猪场生物安全的重要环节（表16）。猪场应根据本地疫病流行状况、猪的来源和遗传特征、猪场防疫状况和隔离水平、猪群体况等，在动物防疫监督机构或兽医人员的监督指导下选择疫苗的种类和免疫程序。

表16　常见猪病的最佳免疫时机

疫病种类	潜伏期	疫苗起效时间	保护期
猪蓝耳病	2周	弱毒苗7～14天开始产生抗体，21～28天产生保护	4.5～6个月
猪圆环病毒病	2周	2周	5～9个月
猪瘟	2周	4天左右产生免疫作用，1个月左右达到高峰	1～1.5年
口蹄疫	1周	10～14天	4个月
猪伪狂犬病	1周	滴鼻2小时	6个月
猪气喘病	4周	肌内注射5天	6个月

科学制订免疫程序：①通过免疫母猪保护胎儿。②通过母源抗体保护仔猪，有条件的养殖场一定要进行母源抗体水平和免疫抗体水平的监测，作为免疫接种的依据。③同时保护母猪和仔猪。④保护保育猪和育肥猪。⑤保护未发病的猪群。⑥注意应激因素和胎盘感染。

2007年，农业部针对商品猪、种母猪和种公猪颁发了猪病免疫推荐方案（试行）（表17至表19），由

于我国不同地区养猪方式和管理水平差距较大，疫病流行也有所不同，因此，各场应根据本场的实际情况，在抗体监测的指导下制订符合本场的免疫程序。

表17　商品猪推荐免疫程序

免疫时间	使用疫苗
每隔4～6个月	口蹄疫灭活疫苗
初产母猪配种前	猪瘟弱毒疫苗
	高致病性猪蓝耳病灭活疫苗
	猪细小病毒灭活疫苗
	猪伪狂犬病基因缺失弱毒疫苗
经产母猪配种前	猪瘟弱毒疫苗
	高致病性猪蓝耳病灭活疫苗
产前4～6周	猪伪狂犬病基因缺失弱毒疫苗
	大肠杆菌双价基因工程苗
	猪传染性胃肠炎、流行性腹泻二联苗（根据本地疫病流行情况可选择进行免疫）

注：①种猪70日龄前免疫程序同商品猪。②乙型脑炎流行或受威胁地区，每年3—5月（蚊虫出现前1～2月），使用乙型脑炎疫苗间隔1个月免疫2次。③猪瘟弱毒疫苗建议使用脾淋疫苗。

表18　种母猪推荐免疫程序

免疫时间	使用疫苗
每隔4～6个月	口蹄疫灭活疫苗
初产母猪配种前	猪瘟弱毒疫苗
	高致病性猪蓝耳病灭活疫苗
	猪细小病毒病灭活疫苗
	猪伪狂犬病基因缺失弱毒疫苗
经产母猪配种前	猪瘟弱毒疫苗
	高致病性猪蓝耳病灭活疫苗

（续）

免疫时间	使用疫苗
产前4～6周	猪伪狂犬病基因缺失弱毒疫苗
	大肠杆菌双价基因工程苗
	猪传染性胃肠炎、流行性腹泻二联苗（根据本地疫病流行情况可选择进行免疫）

注：①种猪70日龄前免疫程序同商品猪。②乙型脑炎流行或受威胁地区，每年3—5月（蚊虫出现前1～2月），使用乙型脑炎疫苗间隔1个月免疫2次。③猪瘟弱毒疫苗建议使用脾淋疫苗。

表19　种公猪推荐免疫程序

免疫时间	使用疫苗
每隔4～6个月	口蹄疫灭活疫苗
每隔6个月	猪瘟弱毒疫苗
	高致病性猪蓝耳病灭活疫苗
	猪伪狂犬病基因缺失弱毒疫苗

注：①种猪70日龄前免疫程序同商品猪。②乙型脑炎流行或受威胁地区，每年3—5月（蚊虫出现前1～2月），使用乙型脑炎疫苗间隔1个月免疫2次。③猪瘟弱毒疫苗建议使用脾淋疫苗。

种公猪的免疫也很重要，一般每年应免疫2次猪瘟、蓝耳病、圆环病毒病2型、口蹄疫、伪狂犬病，乙型脑炎也需要引起重视，免疫一般在每年的4—6月。

4.选择优质的稀释液稀释疫苗

许多疫苗含有减毒或致弱的活菌或病毒，所以疫苗在稀释、注射、滴鼻或口服时，应注意保存条件，温度不可过高或过低。疫苗稀释后应尽快在有效时间内用完。

5.掌握正确的接种方法

注射部位有颈部肌内注射、臀部肌内注射、穴位注射、滴鼻、点眼、皮下注射，最常用的是颈部肌内注射。一般种猪、育肥猪采用肌内注射，哺乳仔猪、断奶仔猪采用肌内注射和皮下注射。疫苗必须足量接种到深部肌肉方才有利于其作用的发挥。

6.选择合适的注射器和针头，并要严格消毒彻底

注射器具性能可靠。注射器刻度清晰、不滑杆、不漏液；针头的长短粗细要适当，一般根据猪的大小、肥瘦而定，一般1周龄内的仔猪用7×15号针头，1周龄以上的仔猪用9×15号针头；保育前期仔猪用12×20号针头，保育后期仔猪及育肥前期用14×25号针头；成年公猪、母猪与后备猪以及育肥后期猪用16×38号针头。注射器要清洗干净，煮沸消毒备用，针头用75%酒精消毒，每注射一栏猪应更换一个针头，防止带毒与传染；接种部位以3%碘酊消毒为宜，以免影响疫苗活性。

7.注射疫苗前后注意环境、饲料、药物的影响

没有任何一种疫苗具有百分之百的保护力，免疫只是预防发病的一个重要方面，必须与生物安全等相应技术配合，才可减少和控制猪的发病。良好的免疫效果必须建立在良好的饲养管理基础上，在条件恶劣时即使把所有的疫苗都用上也无济于事。

8.注射疫苗后做好登记、分群和观察猪只的反应

每接种一头标记一头，接种一栏登记一栏，防止重注、漏注、误注，已经免疫的猪和未免疫的猪一定要分开饲养，不要混群。

六、生猪标准化饲养技术

（一）种公猪标准化饲养

1.后备公猪培育

后备公猪是指育仔阶段结束初步留作种用到初次配种前的青年公猪。

（1）后备公猪体重20～50千克阶段，与育肥猪一同饲养；当体重达50千克左右时逐渐显示出雄性特征后会烦躁不安、经常相互爬跨，此时要进行优良品系选择，淘汰不符合要求的后备公猪，将优良的后备公猪实行单栏饲养。

（2）后备公猪的全价配合饲料要注意能量和蛋白质的比例，特别注意青饲料、维生素、矿物质和含硫氨基酸的补充，需要注意的是饲养过肥会导致公猪性欲减退，使得母猪受胎成绩不良。后备公猪每天喂两次，干粉料或湿拌料喂给，前期自由采食，后期限量饲喂以控制生长速度，保证各器官的充分发育。

（3）后备公猪要进行适度的合群运动、放牧和驱赶运动，以促进筋骨发达、身体发育匀称、四肢灵活坚实。在放牧时还可呼吸新鲜空气、接触青绿饲料、拱食鲜土，对增强体质和促进生长发育有好处。

（4）当后备公猪达6～7月龄时，就可以开始调教，通过口令和触摸等亲和训练，使猪愿意接近人，为将来采精、配种等操作做好准备。后备公猪最好按月龄进行个体称重，并根据体重适时调整饲料营养水平和饲喂量，到7.5～8月龄且体重达120千克以上便可以作为种公猪使用。

（5）注意后备公猪的防寒保暖、防暑降温和清洁卫生等环境条件和管理。作为种公猪使用前最好在配种妊娠舍饲养45天以适应环境。

2.种公猪饲养管理

（1）饲养操作流程（表20）。

表20　种公猪饲养操作流程

时间	饲养操作
上午	（1）上班巡栏，查看猪群整体情况 （2）检查环境控制设备，观察舍内温湿度 （3）清理料槽，投料喂饲 （4）检查猪群与护理 （5）配种、采精 （6）清洁卫生 （7）调教公猪 （8）巡视猪群，检查环境控制设备，观察舍内温湿度
下午	（1）巡视猪群，检查温湿度 （2）检查环境控制设备，观察舍内温湿度 （3）观察猪群采食，治疗病猪

（续）

时间	饲养操作
下午	（4）配种、采精
	（5）清洁卫生
	（6）调教公猪
	（7）工作小结，填写报表
	（8）巡视猪群，检查环境控制设备，观察舍内温湿度

（2）饲养管理要点。①要注意饲养环境温度与通风。公猪最适宜温度为18～25℃，夏季注意防暑降温，最好能配备水帘降温等装置；天气炎热时应选择早晚较凉爽时配种，适当减少使用次数，采精完毕不能立即冲水降温。冬季注意保暖防寒。早晨定期用风机通风换气。②饲喂专门的公猪料。根据膘情确定饲喂量，每日喂两餐，7月龄以上每头每天饲喂量2.2～2.7千克，7～8月龄为2.5～3.0千克，8月龄以上为2.8～3.0千克。注意每餐不要喂太饱，以免影响种公猪性欲和精液品质。③经常保持猪体和猪舍的清洁卫生，及时驱除寄生虫。在夏季高温时候如有条件可安装喷水装置，每天轮流赶公猪到此进行淋水刷洗。④公猪开始调教后进行单栏（圈）饲养，保持不肥不瘦、体态轻盈的体形。⑤加强种公猪运动（图46），注意保护公猪的肢蹄，防止蹄病出现。⑥在日常管理中不能粗暴对待公猪。驱赶公猪时最好使用赶猪板，并和公猪保持一定距离，不要背对公猪。⑦公猪试情或采精结束后，将公猪小心地从母猪背上或假

母猪台上拉下来，不要推其背、头部以防遭受攻击。⑧防止公猪体温异常升高。高温环境、严寒、患病、打斗、剧烈运动等都可能引起体温升高，从而影响公猪精液质量。⑨性欲低下的公猪，可肌内注射丙酸睾丸素100毫克/天，隔天1次，连续3～5次，如不能改善考虑淘汰。

图46　种公猪运动

3.人工授精

（1）采精。提前准备好采精杯、精液稀释液、精液分装器、输精瓶、纸巾、纱布等物品。采精杯提前放入38℃的恒温箱内预热，里面套一次性密封袋，杯口再放2～3层消毒过的纱布备用。将公猪引至假母猪台（图47），剪去包皮部的长毛，用0.1%高锰酸钾液清洗公猪腹部及包皮，再用清水清洗干净并擦干；

按摩公猪包皮部，刺激其伸出阴茎，用手紧握阴茎螺旋状龟头，力度以不让阴茎从手中滑落为准；前面的精液不收集，待有浓精液出现时开始采精，将精液收集至采精杯，直到公猪射精完毕。注意防止采精过程有异物落入采精杯污染精液。

图47　种公猪采精

（2）精液检查。采集的精液应迅速送往精液检查室，首先用4～6层消毒过的纱布进行过滤，除去胶状物，然后将过滤好的精液置于30℃恒温水浴锅中，在25～30℃迅速检查精液品质各项指标，包括精液颜色、气味、精子活力、密度、射精量、畸形率及精子抗力等。①射精量。因猪的品种、年龄、个体、采精间隔和饲养管理条件等不同而存在差异。一般来说一次射精量为200～300毫升，精子总数为200亿～800亿个。②颜色。正常精液为乳白色或灰白色，如果呈黄色说明可能混有尿液，淡红色可能混有血，黄棕色可能混有脓。③气味。正常精液略带腥味，有臭味者不能使用。④精子活力。在载玻片上滴一滴原精液，放上盖玻片，避免气泡，置于显微镜下观察，精子活动有直线前进、旋转运动和原地摆动三种，以直线前进的活力最强。精子活力评定一般指一个视野中直线前进运动的精子数目，100%为1.0级，90%为0.9级，80%为0.8级，以此类推。新鲜精液的活力应在0.6级以上。⑤精子密度。通过显微镜观察来判断（图48），如果精液较稀，则不用再稀释而直接用来输精。⑥精子形态。正常精子为蝌蚪状，如果精子头、体、尾的形态变异均为畸形精子。一般猪的精子畸形率不能超过18%。⑦精子抗力。一般吸取0.02毫升原精液，通过1%氯化钠溶液来测定，因该溶液对精子有一定破坏作用，并因量的增加而破坏增强。通过镜检精子活力的变化，直到所有精子都完全停止前进运动。抗力指数=加入的1%氯化钠溶液总量/0.02毫升原精液。猪精液的抗力指数不能低于1 000。

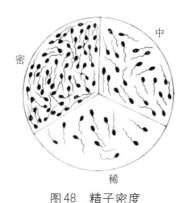

图48　精子密度

（3）精液稀释与分装。精液采集后应在30分钟内进行稀释，稀释液的温度与精液的温度要一致，两者温差不能超过1℃。一般采用商品化稀释剂效果质量较稳定、使用也更方便。在采精前应提前1小时准备好20～30℃稀释液备用，最好采用双蒸水溶解稀释粉。稀释液应沿着杯壁缓慢倒入精液中（勿颠倒顺序），慢慢摇匀，使稀释后的精液每毫升含有精子数为1亿～3亿个。

（4）精液保存与运输。精液稀释分装完毕后，要在室温下逐步降温1小时，再放入17℃冰箱内保存。冰箱内放置温度计，以确保温度恒定。在保存过程中，每隔12小时轻轻上下摇匀输精瓶。

如果在场内使用，直接用厚棉垫包裹输精瓶，放入泡沫箱进行运输。短距离运输时，在厚棉垫外放入恒温保温袋进行运输，为避免运输震荡，可在输精瓶周围放入碎泡沫或气垫。

（5）输精。①输精前对发情稳定的母猪后躯用0.1%高锰酸钾清洗外阴，再用清水洗净，然后用干净的纸巾或消过毒的毛巾擦干。②输精时，一只手持一次性输精管，另一只手将母猪阴唇分开。在入口处将输精管稍微旋转一下，然后将输精管沿着稍斜上方的角度缓缓插入阴道内。当感到有阻力时，输精管头已到子宫颈口，稍一用力使输精管顶部达到子宫颈第二、三皱褶处，发情稳定的母猪便会将输精管锁定，此时回拉会感到有一定的阻力，便可以实施输精。③取出输精瓶，轻轻混匀，用剪刀将输精瓶盖的顶端剪去，插到输精管尾部后开始输精（图49）。输精过程一般5～8分钟，在此过程中输精员可对母猪阴户、乳房或大腿内侧等处进行按摩，稳定母猪情绪，增强母猪的性欲。④精液输完后，不要急于拔出输精管，先将输精瓶取下，然后将输精管尾部打折，插入到输精瓶内，让其慢慢滑落。

图49　母猪输精

（二）种母猪标准化饲养

1.后备母猪标准化饲养

（1）后备母猪采用前高后低的营养水平，后期当体重达到80千克左右时应限制饲喂（日喂量2.0～2.5千克），注意饲料的能量浓度和蛋白质水平及多种维生素、多种矿物质的补充，保证后备母猪良好的生长发育，后期应增喂优质的青粗饲料，控制膘情。

（2）后备母猪通常按适当密度进行合理群养（每栏4～6头），采用合槽饲喂或单槽饲喂，并对后备母猪进行调教，定时饲喂，定点排泄。

（3）平时要安排后备母猪在运动场自由运动，或安排放牧运动，每周至少保证3次的运动，每次运动20～30分钟，如能安排1头公猪同时运动更好。

（4）做好后备母猪的发情记录，把握好最佳配种时间。一般来说，早熟的地方品种在6～8月龄、体重达50～60千克即可配种；晚熟的培育品种在8～10月龄、体重110～120千克、第三次发情时开始配种使用。最好年龄和体重同时达到初配的要求标准。母猪发情持续时间平均2～3天，在发情后24～48小时内配种容易受孕。

（5）后备母猪的选择应考虑生长发育快、饲料利用率高的个体；要求体质外形好，具有典型的毛色、头型和耳型等，尤其是要有足够的乳头数，且乳头排列整齐；选择双亲繁殖性能高的后代，外生殖器官发育较好，配种前有正常的发情周期，且发情症状明显；无遗传疾病。

2.空怀母猪标准化饲养

（1）饲养操作流程（表21）。

表21　空怀母猪饲养操作流程

时间	饲养操作
上午	（1）上班巡栏，查看猪群整体情况 （2）记录、清理料槽，投料喂饲 （3）发情检查、配种 （4）检查猪群与护理，发现病猪及时治疗

时间	饲养操作
上午	(5) 母猪诱情、运动、清理环境卫生 (6) 观察猪群，检查环境控制设备，观察舍内温湿度
下午	(1) 巡视猪群，检查温湿度 (2) 清理料槽，投料喂饲 (3) 发情检查，配种 (4) 清洁卫生、治疗 (5) 查返情，诱情，运动，记录等 (6) 巡视猪群，检查环境控制设备，观察舍内温湿度

（2）饲养管理要点。①断奶当天将母猪赶入较大的运动场自由运动，运动一般安排在早晚天气凉爽时，运动20～30分钟为宜，然后按体况肥瘦进行合理分群，每群3～5头。②断奶后母猪可饲喂哺乳料，1天2次，每天2.5～3千克；为防止子宫炎可在饲料中添加适量盐酸林可霉素（4～6克/天，连续添加4～7天）。返情的空怀母猪每天饲喂3～3.5千克，每日喂两餐。推迟发情的断奶母猪应优饲，每天3～4千克，优饲期间增加维生素A、维生素E、维生素D或葡萄糖等有利于增加排卵数。后备母猪配种前1周及经产母猪断奶至配种后2～3周，有利于改善繁殖性能。保持自由饮水。③配种前通过在饲料中添加伊维菌素进行体内驱虫，同时可喷洒敌百虫进行体表驱虫。每天清扫猪圈两次，每半个月刷圈一次，并带猪消毒。每月清理猪舍周围的运动场、空地和道路。每周冲洗粪沟一次，保证猪舍排污沟通畅。舍内

适宜温度为16～18℃。④每天上午和下午采用人工查情与公猪试情相结合的方法进行母猪发情鉴定。当母猪发情时表现为阴门潮红、肿胀，留出黏液，在栏内来回走动，频频排尿，抬头张望，骚动不安，减食或不食，压背呆立不动，出现静立反应，并愿意接受公猪爬跨。通过查情如发现有母猪有发情症状，应及时记录并进一步观察，当发情母猪外阴部红肿消退、阴唇皱缩、黏液浓稠、母猪安静、接受爬跨或静立反应明显时，便可以输精配种（图50）。⑤配种前，对母猪外阴部周围进行清洗、消毒，擦干后再进行配种。人工授精采用一次性输精管，输精前应检查精液的精子活力、密度，以提高配种受胎率。自然交配要对公猪包皮部进行清洁消毒。配种时间应安排在8:00前或17:00后进行。

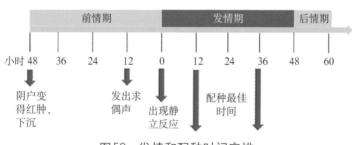

图50　发情和配种时间安排

坚持"老配早，少配晚，不老不少配中间"配种原则，即5胎以上的老母猪发情后，第一次配种时间宜提早；胎次较低（2～5胎）的母猪发情后第一次配种时间应适当推迟。规模化猪场一般每头母猪每个情期配种2～3次。一般来说，上午发情，当天下午配第一次，第二天上午配第二次，第二天下午配第三次；下午发情，第二天早上配第一次，第二天下午配第二次，第三天下午配第三次。

（3）母猪妊娠判断。①母猪配种后，性情变得温顺、疲乏、能吃能睡，膘情恢复快，行动稳重，腹围逐渐增大，阴户紧闭明显上翘，便可认为妊娠。②在配种后18～24天，用成年种公猪与配过种的母猪充分接触，观察母猪是否出现发情症状，如公猪试情失败提示母猪已妊娠。③如条件允许，在配种后18～24天和38～54天可采用B超对母猪进行妊娠诊断。④如经验丰富，也可采用触摸子宫动脉跳动情况来判断。

3.妊娠母猪标准化饲养

（1）饲养操作流程（表22）。

表22　妊娠母猪饲养操作流程

时间	饲养操作
上午	（1）上班巡栏，查看猪群整体情况 （2）检查环境控制设备，观察舍内温湿度 （3）清理料槽，投料喂饲 （4）检查猪群与护理 （5）清理环境卫生 （6）巡视猪群，检查环境控制设备，观察舍内温湿度
下午	（1）巡视猪群，检查温湿度 （2）清理料槽，投料喂饲 （3）观察猪群采食，治疗病猪

（续）

时间	饲养操作
下午	(4) 清洁卫生 (5) 工作小结，填写报表 (6) 巡视猪群，检查环境控制设备，观察舍内温湿度

（2）饲养管理要点。妊娠阶段是指母猪配种后从精卵结合到胎儿出生这一过程，一般为112～116天，平均114天。在饲养管理上分为妊娠初期（28天前）、妊娠中期（29～85天）和妊娠后期（85天后）。

妊娠初期：配种后1～3天内，控制饲喂量，以1.5～1.8千克为宜，配种后3～30天内，控制饲喂量，以1.8～2.0千克为宜，以提高受精卵着床率。妊娠初期是胚胎死亡高峰期，在管理上要细心，不能粗暴打骂追赶母猪，不能饲喂发霉变质的饲料，以防流产。

妊娠中期：此时受精卵已着床，胎儿生长缓慢，喂料量不宜过多（2.0～2.5千克），以防母猪过肥，可喂些青饲料，并适当加强运动，防止母猪便秘。

妊娠后期：此时胎盘停止生长，胎儿迅速发育，喂料量要增加（3.0～3.5千克以上），适当喂些青饲料，防止母猪便秘。

根据母猪体况膘情（图51、表23）和生理特点确定喂料量，常见的饲养方式有以下三种：①"抓两头顾中间"。适用于体况较差的经产母猪，即配种前20天和配种后10天加喂精饲料，体况恢复后以青饲料为主，按饲养标准喂养；直到妊娠80天后，再喂精饲料，但后期的营养水平应高于前期，形成高—低—高的营养水平。②"前粗后精式"。适用于配种前体况良好和乳房发育好的经产母猪，妊娠前期多喂青粗饲料，后期再喂精饲料，形成低—高营养水平。妊娠母猪每天的饲喂量，前期为1.8～2.2千克，后期为2.8～3.2千克。③"步步登高式"。适用于初产母猪。在妊娠初期以青粗饲料为主，逐渐增加精饲料比例，相应增加饲料中的蛋白质和矿物质含量。随着妊娠期胎儿体重的增长而逐渐提高，形成低—高—高的营养水平，但产前1周减少10%～30%的日粮。

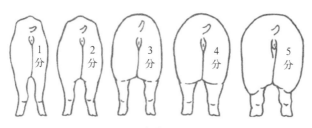

图51　母猪体况评分示意

表23　母猪体况评分

体况评分	背膘（毫米）	身体特征
1分	<10	臀部、脊椎和肋骨明显凸出
2分	10～15	臀部、脊椎和肋骨手掌不用力也能感觉到
3分	15～22	臀部、脊椎用力才能感觉到，但肋骨不用力就能感觉到，并有肉覆盖
4分	23～29	臀部、脊椎和肋骨不能明显摸到
5分	>30	臀部、脊椎和肋骨深埋肉下

妊娠母猪最好使用限位栏进行饲养，地面保持平坦干燥清洁，舍内冬暖夏凉。严禁鞭打、粗暴驱赶妊娠母猪，以防造成流产。如有流产征兆，要及时注射黄体酮保胎。

（3）预产期推算。母猪的妊娠期平均为114天，常采用"3月+3周+3日"或"月加4，日减6"简便方式来推算。比如母猪在1月1日配种，预产期为1月+3月=4月，1日+3周+3日=25日，即预产期为4月25日。

（4）产前准备。①在产前2周左右，用2%～5%氢氧化钠溶液或1：200百毒杀对产房彻底冲洗消毒，墙壁用20%石灰水粉刷。舍内备有水帘、风扇以备夏季降温使用，产床备有保温箱，产房温度控制在22～23℃，相对湿度保持在65%～75%，保持舍内干净卫生、空气新鲜、舒适安静、温暖干燥、无贼风。检查饮水器、产栏、保温箱、保温灯等设施设备，提前准备好接产用具，如照明灯、剪刀、5%碘酊、结扎线（泡在碘酊中）和剪齿钳等。②妊娠母猪在产前3～5天转入产房以适应环境，进产房前对猪体进行清洁消毒，先用温水擦拭腹部、乳房和阴部，再用0.1%高锰酸钾或新洁尔灭消毒。③注意观察母猪临产征兆以做好接产准备。产前1～2天，母猪阴门肿大松弛，并有黏液流出；分娩前1～2小时，母猪精神极度不安，呼吸急促，来回走动，频频排尿，阴门有黏液流出，乳头可容易挤出乳汁；当母猪躺卧，四肢伸直，全身用力使羊水排出，则代表很快就要生产。

4.哺乳母猪标准化饲养

（1）饲养操作流程（表24）。

表24　哺乳母猪饲养操作流程

序号	饲养操作
1	上班交接班工作
2	检查环境控制设备，观察舍内温湿度
3	巡栏，检查猪群情况，如有产仔或设施故障应马上处理
4	清理料槽，投料喂饲
5	检查猪群与护理
6	清理环境卫生
7	根据母猪和仔猪状况进行寄养
8	仔猪护理、治疗和保健
9	剪牙断尾、输液等工作
10	疫苗注射
11	转群
12	检查环境控制设备，观察舍内温湿度
13	清理粪水沟
14	带猪消毒或空栏消毒
15	舍内环境卫生及整理
16	检查环境控制设备，观察舍内温湿度
17	晚间根据母猪和仔猪采食情况，再投料
18	白班和晚班人员都要详细记录工作情况，完成交接班工作

（2）饲养管理要点。①哺乳母猪的饲养管理要尽量提高采食量，尽量增加泌乳量，保证仔猪的正常生长发育。注意分娩前后的减料要逐步加料，分娩当天

饲喂量少于0.5千克或停止喂料，保证饮水充足，产后第二天开始喂少量稀料，第三天逐渐恢复喂料量，并过渡到自由采食，保证母猪产后的泌乳量逐步上升至6～8千克/天。断奶前后，应控制哺乳母猪的饲喂量，由断奶前1周的5千克可逐渐减至1～2千克。②哺乳母猪料要保证较高的能量和蛋白质水平，注重蛋白质饲料的质量，适当补充青绿多汁饲料，避免使用发霉变质的饲料，少喂多餐，保证提供新鲜清洁的饲料和饮水，及时清理料槽内剩余饲料。③母猪产仔哺乳是养猪生产中最重要的环节之一。产房要实行全进全出，做好产房防疫工作，实行人员定岗制度，减少人员出入。门口放置消毒池和洗手盆，及时清理每天的垃圾、胎衣、病死仔猪、死胎、木乃伊等。夏天要做好通风换气和防暑降温措施，减少热应激。④临床上常通过在外阴和阴道连接处注射前列腺素或其类似物（氯前列烯醇）来诱导母猪分娩。一般前列腺素注射后24～30小时后分娩，而前列腺素类似物注射后20～24小时后分娩。⑤分娩时如遇到难产情况，应实行人工助产，一般每100千克体重注射2毫升催产素，20～30分钟可产出仔猪。当注射催产素也不起作用时，采用手术助产，接产人员将手臂彻底消毒后，沿着母猪努责慢慢将仔猪拉出。⑥分娩后要用0.1%高锰酸钾擦洗母猪阴户和乳房，要及时给母猪肌内注射消炎针（青霉素320万国际单位＋链霉素200万国际单位＋催产素5毫升），连续注射2天，以防产道、子宫和乳房发炎。

（三）仔猪标准化饲养

1.哺乳仔猪标准化饲养

（1）接产。接产人员洗净手臂，并用0.1%新洁尔灭或0.1%高锰酸钾消毒，仔猪出生后立即用抹布将口、鼻腔的黏液掏干净，再用抹布将全身擦净，注意每头母猪用一块布。个别仔猪产出后出现假死状态应立马急救：接产人员的两手分别拉伸仔猪前后肢，将四肢朝上，促其呼吸，还可对仔猪鼻部喷洒酒精刺激呼吸。

（2）断脐。仔猪出生15分钟内，在离腹部4～6厘米处断脐带，将脐带血液往仔猪腹部方向挤压，用浸泡碘酊的线结扎，并在断头上涂上2%碘酊消毒。

（3）补铁。新生仔猪要在出生后24小时内注射右旋糖酐铁2毫升/头预防贫血。

（4）剪牙、断尾。出生后第二天，将剪牙钳消毒后，剪去牙齿至断口平整且不伤牙根，并口服阿莫西林消毒。同时，用断尾钳在离尾根部3厘米处断掉，然后用2%碘酊消毒断尾处，如流血严重要用高锰酸钾止血或用绳结扎一会。

（5）去势。出生后3～5天，用手术刀片对小公猪进行去势，去势时抓住一侧后腿，倒提仔猪使腹部朝外，用5%碘酊消毒术部皮肤后，纵向划开1～2厘米的切口，再用拇指和食指顺利挤出睾丸，术后再用5%碘酊消毒伤口。

（6）固定乳头。由于母猪前面几对乳头的泌乳量要高于后面乳头，饲养员可根据仔猪体重大小、强弱等情况，把强壮的仔猪固定在后面3对乳头，把弱小的仔猪固定在前3对乳头，以保证生长发育的均匀度（图52）。

图52　仔猪固定乳头

（7）及时吃初乳。一般出生后2小时内要让仔猪吃上初乳，每隔1小时让仔猪吃母乳一次，逐渐延长间隔时间，保证吃够3天初乳，以提高新生仔猪抵抗力。

（8）仔猪并窝和寄养。通常将母猪产仔数较少的2～3窝仔猪合并，然后分给泌乳量大、母性较好的母猪寄养。并窝的仔猪产期尽量不要超过3天，以防出现以大欺小的现象。通常后产的仔猪往先产的窝里并窝时要拿个体较大的仔猪并窝，而先产的仔猪往后产的窝里寄养时要拿个体小的，仔猪成活率较高。

（9）注意舍温。初生仔猪3日龄内保持栏内温度35℃，4～7日龄28～32℃，8～21日龄25～28℃，可通过调节保温灯的高度来调节温度。必要时可铺上垫板、麻袋或保温板。

（10）补料。在仔猪5～7日龄开始补料诱食，诱食料为仔猪喜爱的甜味和乳香味的全价配合颗粒料，或者用炒熟的玉米粒或黄豆粒磨成小颗粒饲喂。可将诱食料拌成粥状，涂抹在槽边或涂在母猪乳头上，让仔猪舔食。如果采用自动饲槽补饲，宜采用粉料。

（11）断奶。仔猪一般在21～23日龄断奶，24～26日龄转栏至保育舍，若仔猪体重不足5千克，可适当推迟断奶时间，但不要超过30日龄。通常，乳汁不足的母猪、仔猪大的母猪、掉膘严重的母猪以及采食差的母猪要优先断奶。

2.断奶仔猪标准化饲养

（1）饲养操作流程（表25）。

表25　断奶仔猪饲养操作流程

时间	饲养操作
上午	（1）巡视猪群，检查猪群整体情况 （2）检查环境控制设备和饮水器，观察舍内温湿度 （3）检查剩料情况和清理食槽 （4）投料，保证自由采食 （5）清理栏舍卫生 （6）查看有无病弱猪只，进行护理和治疗病猪
下午	（1）巡视猪群，检查猪群整体情况 （2）检查环境控制设备，观察舍内温湿度 （3）检查剩料情况和清理食槽 （4）投料，检查饮水器有无堵塞、漏水 （5）清理栏舍 （6）检查饲料库存，检查设备情况，做好记录，关灯，下班

（2）断奶仔猪在保育舍的饲养管理要点。

第一，仔猪断奶时将母猪赶走后，可根据实际条件选择原窝饲养仔猪，也可以将仔猪转栏至保育舍，并按照体重大小、强弱进行并群分栏，保育猪饲养密度每头以0.35～0.40米^{2}为宜。原则上要求断奶仔猪的体重不低于5.5千克且健康良好，否则应做淘汰处理。

第二，保育猪通常采用三阶段日粮，第一阶段为断奶6～10千克（21～35日龄），投喂开食乳猪料（教槽料）；第二阶段为11～16千克（36～50日龄），投喂保育料；第三阶段为17～25千克（51～70日龄），投喂保育后期料。

第三，舍内环境控制。一般刚断奶时要求温度在28～30℃，以后每周降低2℃，直到8周龄舍温降到20℃，舍内相对湿度控制在60%～70%为宜。防止舍内出现贼风以免引起仔猪寒冷。注意通风换气，以进入猪舍感受不到刺鼻气味和闷热为标准。搞好栏舍环境卫生，每周定期消毒一次，每天上午和下午清扫栏舍，保持栏舍干净、干燥、整洁，用具要专栏专用，不能混用。

第四，每天投料3～4次，以自由采食为主，每次投料量以40分钟内吃完为准。一个栏内10头保育猪应安装2个乳头式饮水器，安装高度40厘米左右，出水量1升/分，保证提供给仔猪干净清洁的自由饮水。喂料前要及时清理食槽的剩料，如有粪便污染或发霉变质的饲料应丢弃。

第五，保育猪的饲养要实行全进全出制度。保育猪出栏后应空栏1～2周，先用高压水枪冲洗整个栏舍，再用2%～3%氢氧化钠消毒猪舍，然后用清水冲洗，栏舍干燥后采用高锰酸钾—甲醛密闭熏蒸消毒1～2天，打开门窗通气，清除栏舍气味，进猪前再用消毒液喷雾消毒一次，干燥后待用。

（四）生长育肥猪标准化饲养

1.饲养操作流程

生长育肥猪饲养操作流程见表26。

表26　生长育肥猪饲养操作流程

时间	饲养操作
上午	（1）巡视猪群
	（2）检查温湿度、饮水器
	（3）料槽及时添料，保证自由采食
	（4）观察猪群采食，治疗病猪
	（5）清洁环境卫生
	（6）再次检查料槽，及时添料，检查温湿度
下午	（1）巡视猪群
	（2）检查温湿度、饮水器
	（3）检查料槽及时添料，保证自由采食
	（4）观察猪群采食，治疗病猪
	（5）清洁环境卫生
	（6）工作小结，填写报表
	（7）添足饲料，巡视猪群，检查温湿度

2.饲养管理要点

（1）生长育肥猪进猪后前3天要对猪群做好定点采食、定点排便、定点睡觉的调教工作，猪只喜欢在通风潮湿有粪便处排便，在干燥有垫料处躺卧。

（2）根据猪的不同年龄、体重生长阶段提供科学配制的优质饲料，体重30～60千克使用中猪料；体重60～90千克使用大猪料。每天饲喂2～3次，自由采食，每餐不剩料。保证充足干净饮水，供猪自由饮水。

（3）保持猪舍通风、干燥卫生、透气，夏季注意防暑降温。生长肥育猪适宜温度为15～22℃，适宜湿度为60%～70%。

（4）要经常扫栏，搞好栏舍卫生，每天清除被污染的垫草和粪便。做好定期消毒，栏舍内每周要消毒2次，舍外每周消毒1次。

（5）饲养密度不能过大，一般用每头猪占用的面积来表示。全漏缝地板0.8～0.9米²/头，部分漏缝地板0.9～1.1米²/头，垫草1.1～1.3米²/头，水泥无漏缝地面1.3～1.5米²/头。例如，面积为16米²左右的栏舍，体重为25～60千克时每栏头数15～20头，体重为60～120千克时每栏头数12～15头为宜，根据地区气候特点和季节变化可适当提高或降低饲养密度。

（6）做好生长肥育猪的驱虫保健工作，体内寄生虫可使用伊维菌素、阿维菌素等药物，体外寄生虫可用2%敌百虫溶液进行驱虫。药物使用要严格按照国家规定的药物使用原则、范围和剂量进行。根据当地疫情和猪群试剂情况确定免疫程序和选择疫苗。

（7）生长肥育猪也要实行全进全出制度。瘦肉型生长肥育猪饲养周期一般为100～110天。肥育猪适时出栏时间要根据品种、市场形势和消费者习惯等因素而确定，一般地方品种出栏重为70～80千克，二元杂交猪为85～95千克，三元杂交猪为95～105千克，四元杂交猪为105～114千克。

七、种养结合技术

（一）种养结合的概念及意义

1.种养结合的概念

（1）广义概念。种养结合是种植业和养殖业相互结合的一种生态模式，是将畜禽养殖产生的粪污作为种植业的肥源，种植业为养殖业提供饲料，并消纳养殖业废弃物，使物质和能量在动植物之间进行转换的循环式农业。

（2）狭义概念。种养结合模式是指养殖场（区）采用干清粪或水泡粪等清粪方式，固液分离后，液体废弃物进行厌氧发酵或多级氧化塘处理后，就近用于蔬菜、大田作物、果树、茶园、林木等生产，固体废弃物经堆肥后就近或异地用于农田。

2.发展种养结合的意义

种养结合是种植业和养殖业紧密衔接的生态农业模式，是以地域农业特色和现代农业为生产模式，通过开展现代新型农业经营管理模式，推动传统农业向高附加值、高新技术、高效益的现代农业转化。大力发展生态型种养结合模式，是发展高产、优质、高效、生态、安全的现代生态农业的重要机遇，具有重要的意义。

（1）改善农业生产结构，转变了农业发展方式。发展种养结合循环农业，以资源环境承载力为基准，进一步优化种植业、养殖业结构，开展规模化、种养一体化建设，逐步搭建农业内部循环链条，促进农业资源环境的合理开发与有效保护，不断提高土地产出率、资源利用率和劳动生产率，是既保粮食满仓又保绿水青山，促进农业绿色发展的有效途径。

（2）促进资源的转化利用。发展种养结合循环农业，按照"减量化、再利用、资源化"的循环经济理念，推动农业生产由"资源—产品—废弃物"的线性经济，向"资源—产品—再生资源—产品"的循环经济转变，可有效提升农业资源利用效率，促进农业循环经济发展。

（3）减少环境污染，优化生态环境。畜禽产生的粪尿流入收集池，经过处理可以使其变成具有一定肥效的肥料，这样既可以节约肥料和水，又能减少环境污染，变废为宝，提高利用价值。种植业又为养殖业提供饲草饲料，使养殖业能够按人们的要求得以正常发展。种植业和养殖业结合，使种植业中人类不能直接利用的废弃物和家畜粪尿得以充分利用，避免了农业和社会环境遭受污染，改善了人类生存空间，优化了生态环境。

（4）有效改良土壤。养殖业提供以粪污为原料的有机肥，能够有效地改良土壤、提高地力，有利于促进土壤团粒结构的生成，增强土壤调节水、肥、气、热的功能，同时对提高农田生态系统转化率有着无机肥无法替代的作用。

（5）促进农业的可持续发展。发展种养结合循环农业，实现"资源—产品—再生资源—产品"的循环经济，形成种养一体化的生态农业综合体系，大幅提高农业生态系统的综合生产力水平，最终达到经济、生态、社会效益三者的高度统一，有利于农牧业持续、稳定地发展。

（二）种养结合生态养猪技术模式

探索种养结合生态循环模式是国家现代畜牧业示范区建设的重要内容。中共中央、国务院高度重视农业循环经济发展。《中共中央关于制定国民经济和社会发展第十三个五年规划的建议》要求"树立节约集约循环利用的资源观""加大农业面源污染防治力度""推进种养业废弃物资源化利用、无害化处理"。2016年中央1号文件要求"启动实施种养结合循环农业示范工程，推动种养结合、农牧循环发展"。《全国农业现代化规划（2016—2020年）》明确要"实施种养结合循环农业工程"。《全国农业可持续发展规划（2015—2030年）》也要求"优化调整种养业结构，促进种养循环、农牧结合、农林结合"。近年来种养结合发展较快，有效地缓解了养殖污染问题，保护了农业生态环境，而且能生产出优质农产品，促进农业增产、农民增收，取得了良好的社会、经济和生态效益。各地区依据当地气候特性和农牧业生产特点，已经开始探索出不同的种养结合生态养猪技术模式。目前，我国常见的种养结合生态养猪技术模式主要有以下几种。

1. "猪—沼—果+茶+粮+菜+林+草"模式

该模式是以沼气发酵为纽带，生猪养殖与种植业相结合的生态循环模式，这种模式要求考虑每亩*土地可承载消纳粪污的能力，并配套相应的种植用地（如果园、茶园、农田、林地等）。猪场排泄物一般经固液分离后，粪渣固体经过堆积发酵制成有机肥，作为农作物的基肥或追肥；污水则进入沼气池厌氧发酵，产生的沼气作为猪场及周边农村居民的加热能源或用于沼气发电等，沼液则通过专门管道或车辆运输至消纳地（果园、茶园、农田、林地等）进行消纳。通过这种模式猪场粪污作为有机肥料被植物完全吸收利用，肥效期长，还能改善土壤的理化性质和生物活性，防止土壤板结，不会对环境及水源造成污染，有效地解决了种植园有机肥来源问题，相互补充，互为需求，这样就有可能达到养猪场不向外界排放污染物，达到变废为宝、环保生态的目的（图53）。常见

---

* 亩为非法定计量单位，1亩＝1/15公顷。

的模式有"猪—沼—果""猪—沼—菜""猪—沼—茶""猪—沼—林""猪—沼—草"等。

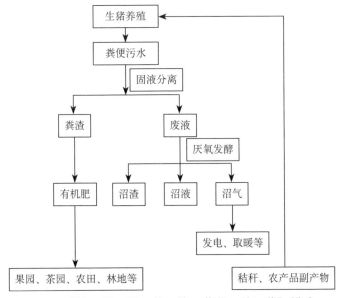

图53 "猪—沼—果+茶+粮+蔬菜+林+草"模式

2. "猪—沼—蚯蚓—粮"模式

蚯蚓是自然生态系统的腐生生物,以有机废弃物为食,能改变土壤的性质,保持土壤肥沃并促进植物根系生长。蚯蚓是良好的畜禽优质蛋白质饲料。蚯蚓粪再施用于农田,其含有较高的腐殖酸,能活化土壤,促进作物增产。随着蚯蚓处理动物粪便废弃物技术的发展,利用生猪养殖产生的粪便废弃物来养殖蚯蚓,蚯蚓粪用作农作物的有机肥料,蚯蚓粉用作高蛋白质饲料、活体蚯蚓直接销售,形成一个成本低、效益高、品质优"猪—沼—蚯蚓—粮"循环农业生产模式。猪场排泄物一般经固液分离后，污水则进入沼气池厌氧发酵，产生的沼气作为猪场及周边农村居民的加热能源或用于沼气发电等，沼液则通过专门管道或车辆运输至农田，用于玉米、小麦、高粱等农作物种植，这些农产品再用于饲料厂加工饲料。粪渣固体经发酵后与沼渣一同用于蚯蚓养殖，蚯蚓粪作为农作物追肥使用，蚯蚓制成蚯蚓粉饲喂鸡、鸭等家禽，通过合理加环，形成完整的绿色生态产业链，实现种植业、养殖业有机结合，得到高效循环再利用，实现生产全过程少投入、高产出、低污染（图54）。

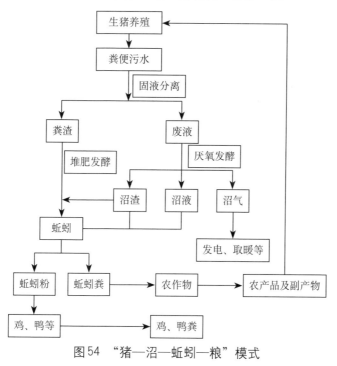

图54 "猪—沼—蚯蚓—粮"模式

3."猪—沼—鱼+莲藕"模式

在我国南方一些地区，为了充分利用水体资源，发挥池塘水体的立体效益和种养结合的生态效益，把生猪养殖与池塘种养有机结合起来，摸索出一种高产、高效、生态健康的种养结合模式，即"猪—沼—鱼+莲藕"模式。该模式主要是利用饲料养猪，将猪粪发酵产生的沼气作为能源，将沼渣、沼液用于水产养殖的一种生态养殖模式（图55）。猪场排泄物进入沼气池厌氧发酵，产生的沼气作为猪场及周边农村居民的加热能源或用于沼气发电等，沼渣作为池塘基肥，沼液作为追肥，从而降低饲料成本，减少鱼塘化肥施用量。沼液、沼渣进入池塘，既为莲藕生长提供

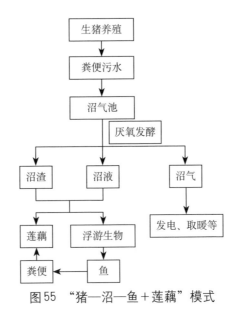

图55 "猪—沼—鱼＋莲藕"模式

丰富的肥料，又为鱼类培育了丰富的饵料生物，鱼类的粪便也为藕提供肥料，有利于莲藕的生长，降低了莲藕和鱼的生产成本，藕的生长又可起到净化水体、改善水质环境的功效。其中，沼肥养鱼以鲢、鳙为主要品种。猪鱼藕种养业的有机结合、综合利用，形成一个高效、低耗、多收的良性生产和生态系统，使经济效益、社会效益、生产效益和生态效益得到了全面提高。常见的模式有"猪—沼—鱼""猪—沼—藕""猪—沼—鱼—藕"。

4."猪—沼—桑"模式

在我国太湖流域和珠江流域的蚕区，针对当地的自然生态条件、社会生态条件而充分合理有效利用资源，创造出了以养猪、养蚕为主的模式，猪粪和蚕沙经过沼气池厌氧发酵处理，产出沼肥和沼气，沼肥用来培桑养蚕，沼气照明、加温养蚕，形成了"猪—沼—桑"生态种养结合模式（图56）。猪场排泄物一般经固液分离后，粪渣固体经过堆积发酵制成有机肥，作为桑林的基肥或追肥。污水则进入沼气池厌氧发酵，产生的沼气作为猪场及周边农村居民的加热能源或用于沼气发电等，另外，根据蚕种和蚕儿不同龄期对光线、温度的不同要求，通过沼气灯照明和升温，在蚕室内创造一个适宜蚕种孵化和蚕儿生长发育的环境条件，以提高蚕茧的产量和质量。沼液、沼渣可作桑树的基肥、追肥、叶面肥。当桑树进入休眠期，桑树落叶后，桑地光照充足，这段时间在桑园空地套种绿色蔬菜作猪饲料用，如白萝卜、胡萝卜，可减少蚕农养猪成本，生猪排出的粪便又可为沼气池提供优质原料。桑树吸收太阳能，通过光合作用来促进桑树的生长发育，为养蚕生产提供蚕的饲料。蚕排出的蚕沙也可以补充养猪少的农户沼气池原料不足的部分。但必须注意，大量使用消毒药品的蚕沙不应进入沼气发酵池，以免杀死和抑制甲烷菌，影响沼气池的正常发酵。

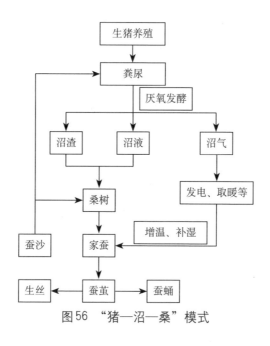

图56 "猪—沼—桑"模式

5. "猪—沼—桑—鱼"模式

在我国太湖流域和珠江流域的蚕区，随着种养结合技术发展，针对当地的自然生态条件、社会生

态条件而充分合理有效利用资源，通过合理加环，把
"猪—沼—鱼"模式和"猪—沼—桑"模式结合起来，
形成以养猪、栽桑、养蚕、养鱼为主的模式，猪粪经
过沼气池厌氧发酵处理，产出沼肥和沼气；沼肥用来
培桑养蚕，沼气照明、加温养蚕，蚕沙喂鱼，直接供
鱼食用，鱼粪沉入塘泥，塘泥又为桑树提供肥料，形
成了"猪—沼—桑—鱼"生态种养结合模式（图57）。
部分蚕沙直接供鱼食用，部分蚕沙经水中生物分解产

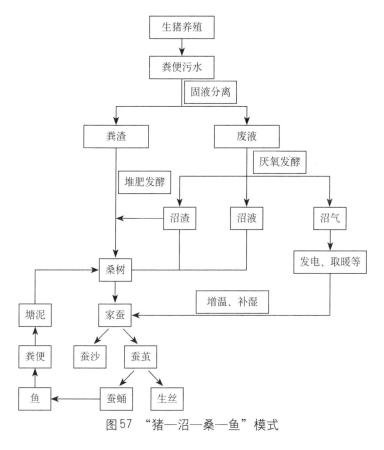

图57 "猪—沼—桑—鱼"模式

生营养物质，促进浮游植物通过光合作用生长和产生氧气，并促进浮游动物繁殖，由此满足各种食性鱼类的饲料需要。在同一鱼塘中分为上、中、下三层，上层适合喂养鳙、鲢；中层喂养草鱼；底层则主要喂养鲮、鲤。鳙以食浮生动物为主，鲢则以食浮生植物为主。食剩的饲料、蚕沙、浮游生物尸骸等有机物质下沉底层，一部分成为鲮、鲤和底栖动物的饲料，一部分经微生物分解而充当浮游生物的食料和养分。鲩以食蚕沙和青饲料为主，排放的粪便既可促进浮游生物的繁衍，又可作为杂食性鱼类的饲料。不同鱼类在塘水中合理配比为草鱼30%～40%，鲢20%～30%，鳙10%，鲤10%，鲫及其他鱼类20%～25%。桑基鱼塘生态系统通过生猪养殖、沼气发酵、种桑饲蚕、蚕沙（约含25%未消化桑叶）喂鱼、塘泥培桑，使养猪、栽桑、养蚕、养鱼相互依存、循环发展，促使养猪、种桑、养蚕、养鱼相关产业共同发展。

总之，种养结合生态养猪就是各地区根据当地的气候特性和农牧业生产特点，因地制宜，摸索出适合当地发展的高产、优质、高效、生态、安全的生态农业模式，最终达到经济、生态、社会效益的高度统一。

（三）种养结合生态养猪关键技术

生态化种养结合模式，以循环经济和生态工业理论为指导，依托资源优势，结合企业发展特点、因地制宜、注重实效，全面贯彻"减量化、无害化、资源化"原则，促进产业结构优化，保护生态环境，不断提高能源、资源利用水平，推动当地社会、经济快速发展和环境协调发展。本部分主要介绍目前种养结合生态养猪的关键技术，主要包括生猪养殖关键技术、废弃物循环利用关键技术及种植业（如果园、林地）关键技术、池塘种养关键技术。

1.生猪生态养殖关键技术

（1）猪舍选址与布局。通常以地势平坦、通风向阳、排水较快、靠近草场和水源为原则，生猪养殖圈舍应建在远离生产管理区的下风口位置；较大规模的果园，生猪养殖圈舍建在园区中间位置；同时要充分考虑粪便废水处理及循环利用的便利。

建设标准化养殖猪舍，砖混结构，配置降温水帘，并建好防疫隔离区。采用生态发酵床养猪舍，其他干湿式分离圈舍建设要做到雨污分离、干湿分离、固液分离、生态净化等"三分离一净化"的设施配套。也可采用可拆迁式猪舍。猪舍周围应多植树种草，四周最好有5～10米宽的落叶防风林带。总之，猪舍建造要符合生猪健康、生态养殖和绿色环保生产及疫病防控等要求。

（2）生猪饲养。

猪品种选择：根据养殖的地点和当地的气候条件选择品质优良的良种猪，选择时以抗病力强、反应灵敏、行动合力强、耐粗饲、适宜放养为原则，保证能在野外环境中生长。

饲养方式：①生猪养殖过程中，采用科学的饲养方式，针对不同的生长阶段、不同的季节，制定科学饲料配方，满足不同生长阶段的生长营养需求。②养殖规模。根据猪场粪污和沼液的出路，以农田种植面积、作物不同生育期的需氮特性为依据，量化农田对氮养分的需求，根据氨氮利用和种养平衡原则，确定沼液的供给量，顺次推算沼气工程规模、粪便需求量和生猪养殖规模。如水稻田2～3头/亩，菜地3～6头/亩，柑橘园4～5头/亩，茶园2～3头/亩，狼尾草地6～10头/亩等。种养结合技术大多是基于氮养分平衡原理。③养殖密度。生猪平均养殖配比5～6头/亩，可以一半采用干湿分离圈舍，另一半采用干撒式发酵床技术建立圈舍。

疫病防治：在饲养的过程中，要做好相关的疫病防治工作。必须建立一整套科学的免疫程序，制定非常严格的制度，要切实执行全进全出，定期进行疫苗接种。从外地新引进的猪苗，必须隔离观察，要经兽医检疫，确认无病健康的猪方准进入猪舍并群。主要免疫种类有猪瘟、乙型脑炎、细小病毒、猪伪狂犬病、链球菌、口蹄疫等。对猪圈内外环境、蓄水池进行消毒，每月安排3次。空栏猪舍消毒，每批猪调出后的空栏猪舍彻底用氢氧化钠溶液消毒3～6小时后，水洗、干燥数日后进猪；生猪出栏后，应对果园等地进行清理，果园地面可用生石灰或石灰乳泼洒消毒。针对已经患病的生猪，要及时对其进行隔离，做好治疗的工作，避免大范围的感染和传播。

2.废弃物循环利用关键技术

种养结合技术能够有效地解决畜禽养殖粪便尤其是粪水难以消纳的问题，减少环境污染，节约化肥资源，提高耕地质量，真正做到了粪水的资源化利用，利于畜禽养殖业的统筹布局和可持续发展。

（1）固液分离设备。根据养殖规模，配置生猪养殖固液分离设备，如污水干湿分离机。

（2）沼气池。猪场沼气池容积以存栏1头猪配套建设0.8～1.0米²沼气池容的标准来确定猪场规模和沼气池的容积的配比。

（3）管网灌溉系统。猪场需在田间、果林等铺设管网灌溉系统，把储液池的液肥输送到田间、果林等。

（4）发酵堆沤池。畜禽粪水还田前需要经过厌氧发酵处理，达到农田利用的卫生要求方可还田。在生猪养殖圈舍旁边配套建设干湿分离间和密闭式厌氧发酵堆沤池若干立方米。一般建设体积40米²的下沉式发酵堆沤池，发酵堆沤池采用砖混结构，上方预留便于操作的窗口。发酵堆沤池建设数量依据养殖规模而定，一般可建4～5个，可使用肥料发酵剂对池内物料进行厌氧发酵，作为果园有机肥料备用。

（5）生态循环沟渠塘。在果园四周及沿路构建生态沟渠，在果园中间或边缘适当位置建立生态池塘1～2个，配置循环水泵房；生态沟渠塘内种植黑麦草等植物。

（6）畜禽粪污管理。固态粪污进入发酵池堆沤制作有机肥还田，液态粪污进入沼气池发酵，沼液通过与水适当比例混合后滴灌还田，沼渣进入堆沤池或直接作为有机肥还田。

3.种植业关键技术

（1）种植地选择。果园、林地等应选择在交通方便、水电条件好、允许畜禽养殖的集中连片区域；应选择土壤肥沃、酸碱度7.5左右、有机质含量1.0%以上、地下水位1米以下的地块。

（2）规划布局。根据果园地形地貌，分别进行种植区域、养殖区域、固体废弃物循环利用系统、道路交通系统等设施的科学规划。

（3）植被种植。选择结果早、丰产稳产、品质优良、抗逆性强、市场前景好的早、中、晚熟品种。充分利用果园自然生长的杂草或选种豆科绿肥或牧草，改善果园小气候，增加土壤有机质含量，保持土壤墒情。一般果园杂草长到20～30厘米高时进行刈割，控制草的高度不超过20厘米。果园、林地等地还可套种蔬菜，套种西芹、香菜、菠菜、草莓等低秆矮茎作物。

4.池塘种养关键技术

（1）池塘的改造及清整。加高加固塘埂，独立的进排水口设在池塘相对两角处，拦鱼设施要设置两层，在池中开挖鱼沟和鱼窝，鱼沟一般宽2～2.5米，深0.6～0.8米，呈"田""井"等形状，鱼窝一般设在鱼道交叉处，长、宽2.5～3米，深0.8～1米，鱼沟、鱼窝的面积占整个池塘面积的1/4～1/3。

（2）养鱼技术要点。①品种选择。以鲢、鳙为主要品种。在同一鱼塘中分为上、中、下三层，上层适合喂养鳙、鲢；中层喂养草鱼；底层则主要喂养鲮、鲤。鳙以食浮生动物为主，鲢则以食浮生植物为主。食剩的饲料、蚕沙、浮游生物尸骸等有机物质下沉底层，一部分成为鲮、鲤和底栖动物的饲料，一部分经微生物分解而充当浮游生物的食料和养分。鲩以吃蚕沙和青饲料为主，排放的粪便既可促进浮游生物的繁衍，又可作为杂食性鱼类的饲料。不同鱼类在塘水中合理配比为草鱼30%～40%，鲢20%～30%，鳙10%，鲤10%，鲫及其他鱼类20%～25%。②猪粪尿和蚕沙的处理。猪粪在施入池塘前要经发酵储存10～20天。蚕沙也是含氮、钾较多的一种有机肥料，由于氮素主要呈尿酸形态，必须先经腐熟后使用。养蚕时清扫下来的蚕沙应及时晒干，储存时可加入3%的过磷酸钙，充分混匀压紧，储存于干燥处，防止氮素分解转化为氨，造成损失。蚕沙使用前，若与少量人粪尿一起堆沤发酵，则肥效更好。③水质调节。在鱼苗放养前，应施足基肥，每亩鱼塘用发酵的猪粪300～500千克，以后根据池水的肥度不断补充肥料，培肥水质，保持池水透明度在30～35厘米，当透明度低于30厘米时，应及时补换新水。根据鱼的种类进行施肥，如鲢、鳙适于肥水，草鱼喜欢清淡的水，鲤、鲫对肥度的忍耐力较强。不同季节施肥量也不一样，如4～6月，每月每亩施肥200～300千克，7～9月可不施或少施，9月以后每月每亩施肥150～200千克。④鱼病防治。放养鱼苗前，每亩用100～250千克生石灰清塘，鱼苗用2%～4%的食盐水浸泡5～10分钟，施放的有机粪肥（基肥）要每1 000千克加0.5千克漂白粉消毒。从4月开始，要定期对池塘、食场、工具、饲料等进行消毒。5月开始定期投喂药饵，以预防鱼病。

（3）莲藕栽培技术要点。①品种选择。选择适宜当地生长的品种，选择种藕时应注意有完整的藕芽和须根，无伤、无病、表面光滑、健壮，且有一定尺寸的藕身，以便为藕芽的发育提供良好的营养物质。②栽种密度。栽种密度和用种量因栽培条件和品种不同，一般行距为1.5～2.5米，穴距为1～1.5米，每穴栽全莲藕1支或亲藕、子藕2支，每亩用种量130～200千克，早熟品种比晚熟品种要密，栽植深度一般为13～18厘米。③栽种要点。按种藕形状，用手扒沟栽入，注意种藕顶芽一律向塘内，藕头稍深，后节稍翘，栽后覆土，以利生根，各行种藕位置相互错开。

（四）种养结合生态养猪模式案例

在种养结合生态养猪模式中，猪场排泄物一般经固液分离后，粪渣固体经过堆积发酵制成有机肥，作为农作物的基肥或追肥。污水则进入沼气池厌氧发酵，产生的沼气作为猪场及周边农村居民的加热能源或用于沼气发电等，沼液则通过专门管道或车辆运输至消纳地（果园、茶园、农田、林地等）进行消纳。通过这种模式，猪场粪污作为有机肥料被植物完全吸收利用，不会对环境及水源造成污染，有效地解决了种植园有机肥来源问题，相互补充，互为需求，这样就有可能达到养猪场不向外界排放污染物，达到变废为宝、环保生态的目的。常见的模式有"猪—沼—果""猪—沼—菜""猪—沼—桑""猪—沼—鱼""猪—沼—草""猪—沼—桑—鱼"等，本部分简要介绍以上几种模式的成功案例。

1."猪—沼—果"模式案例

"猪—沼—果"循环农业模式是以沼气池为纽带，将生猪养殖和水果种植紧密结合起来，达到系统内部废弃物、能源、肥料良性利用的农业生产经营模式。具体来讲，就是发展生猪养殖，猪粪和农业废弃物进入沼气池，经发酵产生沼气供农户做饭照明，利用沼液喂猪，沼肥用于发展果业生产，形成"养猪—沼气—果业生产"良性循环的生态模式。近些年，陕西省洛川县大力发展"猪—沼—果"循环农业发展模式，使养猪与苹果种植相结合，增加全县农民收入。

（1）模式介绍。2008年洛川县被陕西省确定为率先启动实施百万生猪大县之一，着重发展规模化、标准化生猪养殖。全县建设存栏原种猪3 000头和二元基础母猪60 000头的良种繁育体系，建设100个万头生猪示范村和村级专业合作社，实现全县生猪存栏70万头、年出栏100万头、年产有机肥20万吨的目标。此外，还配套建设户用沼气池、生猪饲料厂和生猪屠宰加工厂等，构建、延伸和完善了生猪产业链。

在实现年出栏100万头生猪的目标基础上，全县大力发展苹果专业合作组织和种植大户，规划建设标准化苹果园50万亩。果园种草养猪，猪粪入池产沼，沼渣培肥，沼液喷肥，沼气照明做饭，实现了养猪、沼气生产、果树种植良性互动、协调发展。通过以上措施，最终实现50万亩苹果园亩均施有机肥1.5吨以上，以此建立洛川苹果生态循环和科学发展的新模式，推动洛川苹果有机化生产（图58）。目前已建成生态果园10万亩，有机苹果出口认证1.5万亩。

（2）综合效益。苹果亩均增产20%以上，亩均增收约1 000元，全县苹果产值增加5亿元。洛川县已被评为国家优质无公害苹果标准化生产示范县和国家

图58 洛川苹果

优质无公害苹果出口示范基地县，"洛川苹果"入选全国农产品区域公用品牌百强、陕西省著名商标，促进了洛川苹果产业的发展。通过"猪—沼—果"循环农业模式，各种资源的潜力被不断挖掘和充分利用，最大限度地消除了污染，保护了生态环境，还降低了生产经营的投入成本，提高了经济效益，实现了可持续发展。洛川县推行的"猪—沼—果"循环农业模式为全国的生态环境保护、生态养殖和有机农业生产也起到了良好的示范作用。

2."猪—沼—菜"模式案例

"猪—沼—菜"循环农业模式是以沼气池为纽带，将生猪养殖和蔬菜种植紧密结合起来，达到系统内部废弃物、能源、肥料良性利用的农业生产经营模式。具体来讲，就是发展养猪业，猪粪和农业废弃物进入沼气池，经发酵产生沼气供农户做饭照明，利用沼液喂猪，沼肥用于蔬菜种植，形成"养猪—沼气—蔬菜"良性循环的生态模式。以江苏省赣榆县沙河镇颜庄的"猪—沼—菜"模式为例。

（1）模式介绍。江苏省赣榆县沙河镇颜庄村全村现有温室蔬菜大棚近300个，并在大棚内建有常温强回流式沼气池。每户养20～40头猪，产生的粪尿进入沼气池发酵，产生的沼气用作生活能源，也可以用于棚内生产照明，提高大棚温度，增加光照，同时提供二氧化碳气肥；沼渣、沼液用作肥料改良土壤；沼液还可用于叶面施肥。用沼肥生产的蔬菜可达无公害标准，品质高，价格高于普通蔬菜，注册的"颜河"牌蔬菜被农业部认定为无公害农产品（图59）。

图59　大棚番茄

（2）综合效益。沼肥能改良土壤，提高土壤中有机质含量，节约肥料费用。沼气灯可提高大棚内温度和增加光照，同时提供二氧化碳气肥，使蔬菜增产20%～50%不等（番茄可增产60%～90%），同时生产的蔬菜可达无公害标准，品质高。沼液用于叶面施肥，杀灭病虫害，可节约农药费用。通过"猪—沼—菜"循环农业模式，各种资源的潜力被不断挖掘和充分利用，最大限度地消除了污染，保护了生态环境，还降低了生产经营的投入成本，提高了经济效益，实现了可持续发展。

3."猪—沼—蚯蚓—粮"模式案例

近年来，随着蚯蚓处理动物粪便废弃物技术的发展，利用生猪养殖产生的粪便废弃物来养殖蚯蚓，蚯蚓粪用作农作物的有机肥料，蚯蚓粉用作高蛋白质饲料、活体蚯蚓直接销售，形成一个成本低、效益高、品质优"猪—沼—蚯蚓—粮"循环农业生产模式。其中，湖南旺森农牧有限公司一直坚持以生猪养殖为主导产业，实行种养结合、种养平衡，变废为宝，建成了黑膜沼气池、猪粪工厂化蚯蚓养殖场、沼液储存供应塔及还田沼液管网、玉米牧草场等多个大型生态环保项目。

（1）模式介绍。该公司采用的是"猪—沼—饲—蚓—肥"多元循环综合利用模式。猪场排泄物一般经固液分离后，污水经发酵产生沼气用于发电和民用，沼液经铺设的还田管网施用于有机农业产业生态园种植玉米、小麦、高粱等，这些农产品再用于饲料厂加工饲料；还田剩余沼液经厌氧处理和有氧处理后，氧化塘处理达标后用于生产区冲栏及除臭设施除臭；干粪经发酵后与沼渣一同用于蚯蚓养殖，蚯蚓粪作为有机农业生态园追肥使用，或作为高档有机肥出售；蚯蚓作为钓饵包装销售，或经过生物萃取，提纯蚯蚓液用作生猪饲料营养型添加剂；病死猪通过无害化降解处理，并添加麸皮等，制作成有机肥。

（2）综合效益。沼气用于发电和民用，节约了燃料费和电费；沼液为种植园提供有机肥，改良土壤，提高土壤中有机质含量，节约肥料费用；干粪经发酵后与沼渣一同用于蚯蚓养殖，蚯蚓粪作为有机农业生态园追肥使用，或作为高档有机肥出售；粪便利用率达100%；蚯蚓作为钓饵包装销售，或经过生物萃取，提纯蚯蚓液用作生猪饲料营养型添加剂，种植园种植的农产品用于饲料厂加工饲料，节约饲料成本；通过"猪—沼—桑"循环农业模式，各种资源的潜力被不断挖掘和充分利用，最大限度地消除了污染，保护了生态环境，还降低了生产经营的投入成本，提高了经济效益，实现了可持续发展。

4."猪—沼—桑"模式案例

"猪—沼—桑"模式是以养猪、养蚕为主，猪粪和蚕沙经过沼气池厌氧发酵处理，产出沼肥和沼气，沼肥用来培桑养蚕，沼气照明、加温养蚕，从而形成相互促进良性循环的生态产业链。近年来，安徽省泾县大力推广"猪—沼—桑"生态蚕业模式示范，走循环经济的发展道路，使养猪与养蚕相结合，增加了全县农民收入（图60）。

图60 养 蚕

（1）模式介绍。每户养猪2～3头，每户建一口8米³的沼气池，将蚕沙、猪粪以及人粪尿作为沼气池原料入池，产生的沼气可以照明、做饭等，另外沼气灯、沼气炉为蚕室增温、补湿。春蚕、晚秋蚕期间，气温偏低，蚕室内需要增温补湿，白天采用红外线沼气炉加温，晚上用沼气灯加温，一般一间12米²的蚕室只要一灯一炉即可。沼液、沼渣可作桑树的基肥、追肥、叶面肥。

桑园的种植密度一般为800株/亩，低干养成，宽、窄行种植，宽行1.8米，窄行1米，株距0.6米，便于冬季桑园套种猪饲料所用的蔬菜（图61）。泾县在每年10月到翌年3月，桑树进入休眠期，桑树落叶后，桑地光照充足，这段时间在桑园空地套种绿色蔬菜作猪饲料用，如白萝卜、胡萝卜，既减少蚕农养猪成本，生猪排出的粪便又可为沼气池提供优质原料，但必须注意，对大量使用消毒药品的蚕沙，不应进入沼气发酵池，以免杀死和抑制甲烷菌，影响沼气池的正常发酵。

图61　桑　园

　　（2）综合效益。沼液和沼渣为桑园提供有机肥，改良土壤，提高土壤中有机质含量，节约肥料费用；沼气可以照明、做饭，沼气灯、沼气炉为蚕室加温，节约了燃料费和电费；桑园施沼肥后桑叶明显增产，可增养蚕种0.25盒/亩；另外，桑园套种蔬菜也可增加收入。通过"猪—沼—桑"循环农业模式，各种资源的潜力被不断挖掘和充分利用，最大限度地消除了污染，保护了生态环境，还降低了生产经营的投入成本，提高了经济效益，实现了可持续发展。

5. "猪—沼—鱼"模式案例

"猪—沼—鱼"模式是以养猪、养鱼为主，在我国南方一些地区，为了充分利用水体资源，发挥池塘水体的立体效益和种养结合的生态效益，把生猪养殖与池塘种养有机结合起来。该模式主要是利用饲料养猪，将猪粪发酵产生的沼气作为能源，将沼渣、沼液用于水产养殖的一种生态养殖模式。近年来，湖北省京山县大力推广"猪—沼—鱼"生态模式，综合利用农业资源，使养猪与养鱼相结合，取得了良好的经济、社会和生态效益。

（1）模式介绍。以每户常年存栏10头猪左右，建一口 $8 \sim 12$ 米 ^{3} 的沼气池，将猪粪以及人粪尿作为沼气池原料入池，产生的沼气可以照明、做饭等，沼渣、沼液在流进鱼塘之前经过净化池处理，便投入鱼塘喂鱼（图62）。$4 \sim 6$ 月，每周每亩施沼渣100千克或沼液200千克；$7 \sim 8$ 月，每周施沼液150千克；$9 \sim 10$ 月每周施沼渣100千克或沼液150千克。沼肥养鱼适用于以白花鲢为主要品种的鱼池，其他混养鱼（底层鱼）比例不超过40%。水体透明度大的、浮游生物数量少的鱼池可增加施肥次数，方法是每2天施1次沼液，水体透明度回到 $25 \sim 30$ 厘米时，转入正常投肥。

图62　鱼　塘

（2）综合效益。以每户常年存栏10头猪左右，建一口8～12米³的沼气池，鱼塘面积6亩，饲料地1亩为标准配置，实现了草、鲫、鳊等优质鱼比例提高15%，养殖用化学投入品用量减少30%，秸秆利用率达95%，畜禽粪便利用率达100%，农村环境明显改善，增加了农民收入。

6.“猪—桑—蚕—鱼”模式案例

“猪—桑—蚕—鱼”模式以养猪、养蚕、养鱼为主，猪粪通过发酵等技术处理后，培桑养蚕，蚕沙喂鱼，直接供鱼食用，鱼粪沉入塘泥，塘泥又为桑树提供肥料，形成了“猪—桑—蚕—鱼”生态种养结合模式。江苏省滨海县东坎镇三友村农民李锦琛就是凭借“猪—桑—蚕—鱼”家庭循环生态饲养模式发家致富，成为当地出名的生态种养致富大户。

（1）模式介绍。李锦琛家种植近10亩桑园，每年喂养20张蚕种左右，每张产量年均保持在40千克以上。桑园里还实行套种模式，套种西洋芹、香菜、菠菜、草莓等低秆矮茎作物。每季蚕饲养后剩余的叶渣还可用来养猪，李锦琛家现有生猪存栏数量常保持在60～80头。猪粪、蚕沙通过消毒、发酵、曝晒等技术处理后，再配以其他饲料投入塘内喂鱼。塘泥又是庄稼的多元有机肥料，可促进桑树的生长。

（2）综合效益。塘泥肥桑，促进桑叶生长，保证蚕正常生长；桑园套种蔬菜，增加收入；节约养猪和养鱼饲料成本；畜禽粪便利用率达100%。

图书在版编目（CIP）数据

生态型养猪技术／陈芳主编．—北京：中国农业
出版社，2020.5
（农业生态实用技术丛书）
ISBN 978-7-109-24801-4

Ⅰ．①生… Ⅱ．①陈… Ⅲ．①养猪学 Ⅳ.①S828

中国版本图书馆CIP数据核字（2018）第244028号

中国农业出版社出版
地址：北京市朝阳区麦子店街18号楼
邮编：100125
责任编辑：张德君 李 晶 司雪飞 文字编辑：张庆琼
版式设计：韩小丽 责任校对：沙凯霖
印刷：北京通州皇家印刷厂
版次：2020年5月第1版
印次：2020年5月北京第1次印刷
发行：新华书店北京发行所
开本：880mm×1230mm 1/32
印张：5
字数：100千字
定价：40.00元